Gertraud Beck

DIE SCHÖNSTEN AUSFLÜGE

UNTERWEGS ZU SPECHT, FUCHS & CO.

Die spannendsten Naturerlebnisse in und um München

J. BERG

Inhalt

Vorwort 4
Es war ein mal eine Eiswüste 5

UNTERWEGS ZU SPECHT, FUCHS & CO. – DIE TOUREN

Lassen wir Gras darüber wachsen! 10
Über die Entstehung der Kultursteppe

1 Und davon soll ich satt werden? .. 16
Trockenmagerrasen im Münchner Norden
Kids: Aufgepasst! 22

2 Zauberpflanzen am Wegesrand ... 24
Fettwiesen bei Hohenschäftlarn
Kids: Aufgepasst! 30

3 Im Moor ist's gar nicht schaurig! .. 34
Über den Plankenweg bei Leutstetten
Kids: Aufgepasst! 40

Junge Forscher begeben sich gerne auf abenteuerliche Entdeckungstouren.

Natur live erleben, das macht Kindern Spaß!

4 **Giftiges und genießbares Wildobst** 42
Einheimische Heckensträucher
im Gleißental
Kids: Aufgepasst! 50

5 **Auf Klettertour im »Ur«-Wald** 54
Die Angerlohe als ehemaliger
Rohstofflieferant
Kids: Aufgepasst! 60

**Kraftvoll und
ständig in Bewegung** 66
Die Dynamik von Fließgewässern

6 **Kiesel, Sand und Orchideen** 70
Schotterbänke in der
Pupplinger Au
Kids: Aufgepasst! 78

7 **An grünen Ufern** 82
Auenlandschaft entlang der Amper
Kids: Aufgepasst! 90

Orts- und Sachregister 94
Impressum, Bildnachweis 96

Vorwort

Naturkunde für aktive Familien

Auf Bäume klettern, durchs Laub rascheln, mit Becherlupe und Brotzeit im Gepäck einfach durch die Gegend streifen, wer macht das nicht gerne? Aber Sie wissen nicht, wo Sie hingehen sollen? Weit weg soll es nicht sein, denn eigentlich haben Sie heute noch was vor? Und für die Bildung der Kinder müsste man auch mal wieder etwas tun?

Die Antworten auf diese Fragen finden Sie hier: Suchen Sie sich einfach eine der gemütlichen Touren aus und lernen Sie dabei gleichzeitig etwas über Ökologie und Biologie Ihrer Heimat. Ihre Kinder werden sich nicht nur über die gemeinsam verbrachte Zeit, die Bewegung und frische Luft freuen, sondern auch etwas für die Schule lernen, denn die Themen Wiese, Hecke, Laubwald, Moor und Wasserpflanzen sind Lehrstoff im HSK-Unterricht. Bei allen Exkursionen können Sie sich von Ihren Kindern oder Ihrer Laune führen lassen und drauflosgehen, die Routen sollen nur ein Vorschlag sein, schließlich ist der Weg das Ziel!

Die naturkundlichen Beschreibungen zu Beginn der Kapitel führen – auf das Wesentliche reduziert – in ökologische Zusammenhänge ein. Abbildungen der häufigsten Pflanzen und einiger Tierarten ersetzen zwar kein Bestimmungsbuch, stellen aber eine repräsentative Auswahl dar, alles kann und muss man nicht wissen. Um Tiere zu beobachten, braucht man viel Glück, Ruhe und Ausdauer. Aber Pflanzen sind mindestens genauso spannend. Zudem haben sie den Vorteil, dass sie nicht scheu sind, zum Erforschen stillhalten und bei der nächsten Expedition vielleicht noch einmal besucht werden können. Deshalb finde ich die Botanik vor allem für Kinder geeigneter, weil einfacher erlebbar. Bei einzelnen Arten genau hinschauen, Geschichten darüber hören, damit basteln und experimentieren, das bedeutet für mich »mit allen Sinnen lernen«.

Gemeinsame Abenteuer machen doppelt Spaß!

Natürlich verfolge ich als Umweltpädagogin noch ein anderes Ziel: Nur was wir verstehen und lieben lernen, werden wir achten, schützen und für die Zukunft erhalten wollen.

Viel Freude bei Ihren naturkundlichen Expeditionen
wünscht Ihnen
Gertraud Beck

Es war einmal eine Eiswüste …

Von Gletschern geschaffen: die Münchner Schotterebene

Sicherlich warst du mit deiner Familie schon einmal in den Bergen. Kannst du dir vorstellen, dass das gesamte Alpengebiet bis auf einzelne Gipfel vor gar nicht allzu langer Zeit (immerhin bis vor 10 000 Jahren!) komplett in ewigem Eis versunken war? Der Schnee taute mehrmals auf, rutschte Stück für Stück hinab ins Tal und erstarrte immer wieder aufs Neue, wobei von den Bergen ständig Nachschub in Form von Regen oder Schnee kam. Am Alpenrand bei Kochel waren diese Eismassen über 800 Meter dick, im Flachland bei Starnberg immerhin noch 200 bis 300 Meter (zum Vergleich: Die Türme der Münchner Frauenkirche sind knapp 100 Meter hoch). Die starren Gletscher bewegten sich ganz, ganz langsam vorwärts und schürften dabei im Laufe von mehreren Tausend Jahren tiefe Täler in die Landschaft. Sie transportierten vom Frost abgesprengte Felsbrocken mit, die auf der weiten Reise ins Tal zu runden Kieseln geschliffen wurden. Viele dieser Steine blieben unterwegs seitlich der Eisströme liegen und wuchsen allmählich zu Schutthügeln, den sogenannten Moränen. Noch heute

So ähnlich könnte es während der letzten Eiszeit ausgesehen haben: Nur vereinzelte Gipfel ragten aus der mehrere hundert Meter dicken Eisschicht bei Kochel heraus.

Eine Einführung – nicht nur für Kinder

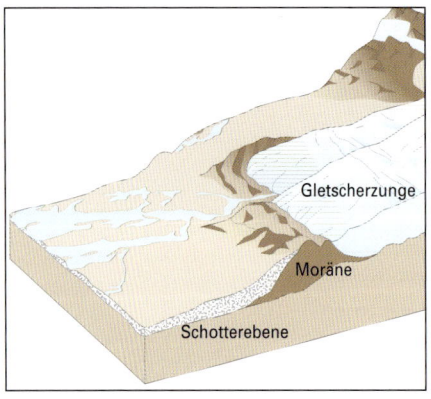

Gletscher schoben Geröll vor sich her und türmten es zu Moränen auf. Die Schotterebenen werden noch heute von zahlreichen Flussbetten durchzogen.

Der Isar-Loisach-Gletscher brachte die Kiesel für die Münchner Schotterebene zwischen Weyarn, Maisach und Moosburg mit.

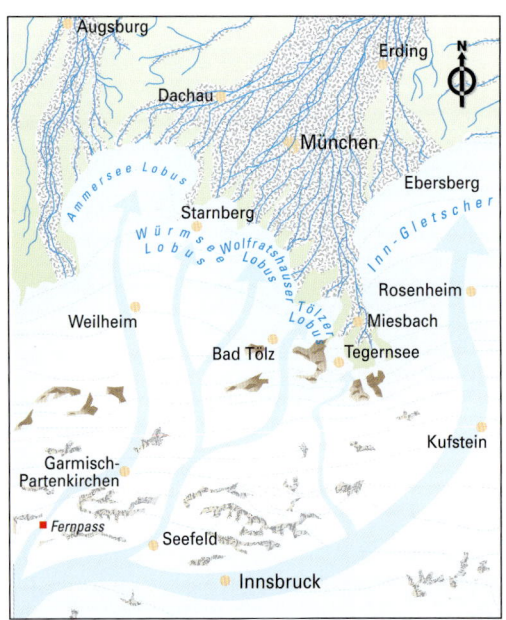

kann man zum Beispiel im Isartal einen dieser ehemaligen Gletschergräben und die am Rand verlaufenden Erhebungen in der Landschaft deutlich erkennen. Die Steine dagegen, die bis zum Ende der Gletscherzungen mitgerutscht waren, wurden durch die Kraft des abfließenden Schmelzwassers mehr oder weniger gleichmäßig in der Landschaft zu flachen Schotterebenen verteilt. Am Ende des Isar-Loisach-Gletschers entstand solch ein Geröllfeld in Form eines riesigen Dreiecks, das in etwa zwischen dem heutigen Weyarn, Maisach und Moosburg an der Isar liegt. An ihrem Anfang im Süden ist die Steinschicht bis zu 100 Meter dick, nach Norden hin fällt sie allmählich auf rund zehn Meter ab. Sie bildet den Untergrund unserer heutigen Großstadt München.

Erste tierische und pflanzliche »Einwanderer«

Noch vor den Menschen wanderten Pflanzen und Tiere aus der umliegenden Tundra in dieses Gebiet ein. Die Aufgabe des Samen- und Fruchttransportes übernahmen dabei entweder der Wind oder die Tiere selbst. Der neu zu besiedelnde Boden brachte aber zwei Nachteile mit sich: Erstens lief das Regenwasser durch die Kiesel sehr schnell ab und zweitens gab es zwischen den Steinen nur ganz wenig fruchtbare Erde (siehe Abb. S. 16). Auf derartigen trockenen, nährstoffarmen Heideflächen konnten sich nur extreme Spezialisten ansiedeln. Das durch das Geröll ablaufende Wasser sammelte sich in den tiefer gelegenen Senken oder Randbereichen der Schotterebene. Hier blieben auch Erdverwehungen aus der Umgebung oder verwelkte Blätter liegen. Dort, wo es weder zu trocken noch zu nass war, entstand aus den Ablagerungen allmählich eine feuchte, fruchtbare Bodenschicht, ein idealer Standort für zum Teil sehr artenreiche Grasflächen mit Blumen und Kräutern (siehe Abb. S. 13). An manchen Stellen, wo der Grundwasserspiegel sehr hoch war, entwickelte sich eine Moorvegetation (siehe Abb. S. 37). Viele Ortsnamen wie z. B. Erdinger und Freisinger Moos, Ampermoos oder Moosach sind noch heute Hinweise auf diese geologischen Gegebenheiten. Die verschiedenen Wiesentypen kannst du auf Spaziergängen durch die Mallertshofener

Heide, bei Hohenschäftlarn oder im Leutstettener Moor erkennen, du siehst die Unterschiede in der Zusammensetzung der Pflanzenarten und ihre Abhängigkeit und Anpassung an den Boden. Auf den meisten Wiesen setzten sich aber im Lauf der Zeit mehrjährige, verholzende Sträucher durch, die ihrerseits wiederum nach weiteren Hunderten von Jahren verdrängt wurden. Das Ende der natürlichen Pflanzenabfolge ist für unseren Breitengrad typischerweise ein Mischwald aus Buchen und Eichen. Auf deinen Expeditionen ins Gleißental und in die Angerlohe kannst du diese natürlichen Entwicklungsstufen Hecke (siehe Abb. S. 45) und Lohwald (siehe Abb. S. 65) erleben und ihren stockwerkartigen Aufbau erforschen.

Die Schotterebene wird heute noch von tiefen Flussadern durchzogen. Das durch ehemalige Gletscherrinnen fließende Wasser entspringt in den Bergen und bringt jedes Frühjahr viel Schneeschmelzwasser mit. Die gewaltige Kraft des Wassers wälzt Schotterbänke um und macht den botanischen Landeroberern das Überleben schwer (siehe Abb. S. 72). Werden die angrenzenden Auen regelmäßig überschwemmt, überleben im Uferbereich Bäume, Sträucher und Schilfgewächse nur dann, wenn sie einmal im Jahr richtig nasse Füße ertragen können (siehe Abb. S. 80). Die Ausflüge zur Pupplinger Au oder

Expeditionen zu eiszeitlichen Spuren müssen nicht langweilig sein.

Beim Steine und Stöcke umdrehen finden sich so manche Überraschungen.

an die Amper sind vor allem zu unterschiedlichen Jahreszeiten besonders interessant. Dann kannst du am besten die verschiedenen Wasserstände und die sich ändernde Pflanzenwelt beobachten.

Der Mensch beginnt die Landschaft zu verändern

Vor rund 7000 Jahren begannen die ersten Siedler in Mitteleuropa sesshaft zu werden. Sie rodeten Bäume, um Weiden für ihr Vieh und Ackerfläche zu gewinnen. Seit diesem Zeitpunkt nimmt der Mensch immer mehr Einfluss auf die Zusammensetzung, Veränderung und Anpassung der Tier- und Pflanzenwelt. Die Bevölkerung hat zugenommen, der Bedarf an Nahrungsmitteln und Wohnraum ist gestiegen, die Bewohner von grauen Städten möchten ihre Freizeit im Grünen verbringen. Der Boden wird mit schweren Traktoren bearbeitet, mit Kunstdünger angereichert und ein dichtes Netz aus Wegen und Trampelpfaden durchzieht so manches einsame Fleckchen Natur. Einige ursprüngliche Lebensräume mit ihren typischen Tier- und Pflanzenarten gibt es heute gar nicht mehr. Zum Glück konnten aber Naturforscher und Umweltschützer erreichen, dass wenigstens einige Standorte mit selten gewordener Flora und Fauna als Naturschutzgebiete ausgewiesen wurden. Blumen pflücken ist dort genauso verboten wie der Bau von Autobahnen.

In der Natur werden Kinder schnell zu erfolgreichen Forschern.

Wunderwelt Ökosystem

Alle Lebewesen an einem Standort sind auf besondere Weise voneinander abhängig und miteinander verbunden, sie bilden ein Ökosystem. Denn so wie Pflanzen nur auf bestimmten Böden gedeihen, sind auch Tiere von der Vegetationsvielfalt abhängig. Manche Schmetterlingsraupen fressen nur Blätter von Brennnesseln, Libellen brauchen zur Eiablage einen geschützten Platz am Wasser, braune bodenbrütende Vögel sind am besten im Gras getarnt. Dies sind nur einige Beispiele. Möchtest du herausfinden, wie so ein Ökosystem funktioniert? Warum besuchen Hummeln immer nur eine Blütenform, warum geht ein Seerosenblatt nicht unter und welche Sträucher sind besonders giftig? In diesem Buch wird in jedem Kapitel ein anderer Lebensraum und seine Entstehung erklärt. Es werden dir die am häufigsten vorkommenden Pflanzen gezeigt und einiges aus ihrem Leben erzählt. Auf den jeweils anschließenden Seiten: Kids aufgepasst! gibt es noch ein paar Beobachtungstipps extra für dich.

Jetzt brauchst du nur noch wetterfeste Kleidung, vielleicht eine Becherlupe und einen Brotzeitrucksack. Die gute Laune kommt meist von selbst, vielleicht hat ja deine Freundin oder dein Freund Zeit mitzugehen? Viel Spaß auf deinen Streifzügen durch die Spuren der Eiszeit!

Vor Tausenden von Jahren waren unsere Hausberge von gewaltigen Eismassen bedeckt.

Am Biotop in der Angerlohe gibt es im Frühling ein großes Froschkonzert für die ganze Familie.

Die Touren

Lassen wir Gras darüber wachsen!

Über die Entstehung der Kultursteppe

Wiesen – eine vom Menschen geschaffene Landschaftsform

Ohne den Menschen gäbe es bei uns in Mitteleuropa überhaupt keine Wiesen und Grasflächen. Die ersten sesshaften Menschen begannen vor rund 7000 Jahren in die natürliche Abfolge von den einjährigen Pflanzen bis hin zum Wald einzugreifen. Als die Siedler nicht mehr nur vom Jagen und Sammeln der Waldfrüchte leben wollten, mussten sie erst einmal mühevoll die Bäume roden, um Felder anlegen und Tiere zähmen und als Vieh halten zu können. Durch das Bearbeiten der Äcker und regelmäßiges Mähen wurde das Aufkommen von Gehölzen bzw. ihr Nachwachsen immer weiter verringert, lediglich Obstbäume ließ man verstreut stehen. So veränderte sich die Landschaft hin zu einer Kultursteppe. Vor allem die lichthungrigen Gräser kamen mit dem Stress des Abgefressen- oder Gemähtwerdens gut zurecht, da sich ihre Wachstumszone gut geschützt im Herzen eines Büschels nahe der Erdoberfläche befindet. Dies führte zur Bildung sogenannter Graslandschaften.

Wiese ist nicht gleich Wiese

Der künstlich geschaffene Lebensraum wurde zum neuen Zuhause für Tiere und Pflanzen. Wie viele und welche Arten in einer Wiese zu finden sind, wird von verschiedenen Faktoren vor Ort bestimmt: Ist der Boden feinkörnig oder enthält er viele Steine, ist er feucht oder trocken, enthält er wenig, viele oder sogar zu viele Nährstoffe, wie oft wird er gemäht, liegt die Wiese in der Sonne oder im Schatten? Manche Bodenarten sind nicht besonders gut für den Ackerbau geeignet. Reine Feuchtwiesen in Flussauen zum Beispiel sind für den Menschen unpraktisch, denn dort kann man weder eine Straße noch ein Haus bauen, kann kein Traktor fahren und kein Vieh zum Weiden geführt werden. Außerdem wachsen in dem leicht sauren Milieu überwiegend Sauergrä-

Im Münchner Norden gibt es noch Restbestände der ursprünglichen, weiten Heideflächen.

Ein Wiesenhaus hat drei Stockwerke: den Wurzelbereich, die Blätteretage und ein Dach aus Blüten.

ser mit harten Blättern, die als Viehfutter nicht geeignet sind. Deshalb wurden die meisten Feuchtwiesen mithilfe von Gräben entwässert. Nur wenige existieren heute noch; sie stehen wegen ihrer besonderen Flora und Fauna unter Naturschutz. Die stets anwachsende Bevölkerung benötigt aber ein immer größeres Angebot an Nahrung. Deshalb hört der Mensch nicht auf, nach Möglichkeiten zu suchen, um in die Natur einzugreifen und sie so zu verändern, dass er möglichst viel Gewinn aus ihr ziehen kann.

Die »Stockwerke« einer Wiese

Alle Wiesentypen bergen in ihrem Innersten einen Mikrokosmos, in dem sich zahllose kleine, kleinste und unsichtbare Lebewesen tummeln. Viele Geheimnisse sind in ihm verborgen. Der stockwerkartige Aufbau und die Vernetzung der Schichten werden bei einem Versuch, einen Querschnitt durch eine Wiese zu zeichnen, schnell verständlich.

Der Keller des Wiesenhauses befindet sich unter der Erde, ihn bilden die Wurzeln der Pflanzen. Zum Erdgeschoss gehören Stängel und Blätter, im Dachgeschoss regieren die Blüten. Diese unterschiedlichen Stufen weisen auch jeweils eine charakteristische Tierwelt auf.

Im und am Boden leben feuchtigkeitsliebende Graber und Läufer, wie z. B. Regenwürmer, Asseln, Hundert- und Tausendfüßler, Ameisen oder auch Mäuse. Heuschrecken, Zikaden, Blattläuse und Marienkäfer fühlen sich in der mittleren Schicht am wohlsten. Die Blütenregion wird von fliegenden Gästen wie Bienen, Hummeln, Wespen, Schwebfliegen und Schmetterlingen besucht.

Pflanzen und Tiere brauchen einander

Das Wiesenhaus bietet seinen Tierarten Wohnraum und Nahrung. Sie finden hier Schutz, sei es vor dem Austrocknen, zu starkem Regen, Kälte oder vor dem Gefressenwerden. Bodenbrütende Vögel sind zwischen den Halmen in Sicherheit. An den Stängeln der Kräuter und Gräser saugen Zikaden und Blattläuse. Die frischen Blätter lassen sich Raupen und Blattkäfer schmecken. Schnecken erholen sich an einem heißen Sonnentag im kühlen Blätterschatten. Eier, Larven oder Raupen von verschiedenen Insektenarten überwintern im Boden.

Andererseits sind die Pflanzen aber auch vom Besuch dieser Tiere abhängig. Ihr buntes Farbenspektrum, ihr wohlriechender Duft und ihr zuckersüßer Nektar locken die verschiedensten Blütengäste an.

So manche Blüte braucht ein tierisches Taxi für den Transport des Blütenstaubs, in diesem Fall handelt es sich um einen Dickkopffalter.

Flache Blütenstände wie bei der Schafgarbe und der Wilden Möhre dienen als Landeplatz für weiche Käfer. Den in der Tiefe einer Kleeblüte verborgenen Nektar können nur Insekten mit einem kurzen Rüssel wie z. B. Hummeln schlürfen. Schmetterlinge mit längeren Rüsseln saugen an Röhrenblüten. Der Sinn dieser aufwendigen Blütenpracht besteht letzten Endes nur darin, die Besucher mit ein wenig Pollen zu beladen und ihn auf andere Blüten derselben Art verteilen zu lassen, denn ohne Bestäubung gäbe es keine Früchte mit Samen und somit keine Blumen im nächsten Jahr. Sind die Samen reif und fallen zu Boden, gibt es direkt unterhalb der Mutterpflanze nicht genügend Nährstoffe und

In der Wiese findet man Vorfahren von heutigen Nutzpflanzen: Von der Wilden Möhre (links) stammt unsere Karotte, aus der Wegwarte (rechts) wurde eine Salatform gezüchtet.

Licht zum Keimen für alle. Um ihre Überlebenschancen zu erhöhen, müssen sie daher weiter verbreitet werden. Beim Löwenzahn bzw. der reifen Pusteblume übernimmt diese Aufgabe der Wind. Andere Samen sind aber zu schwer zum Fliegen, sie benötigen ein tierisches »Taxi«. Ameisen sammeln und verteilen gerne die Samen von Veilchen und Schneeglöckchen, als Belohnung für den Transport dürfen sie ein eiweißreiches Samenanhängsel fressen. Dass sie beim Weg in ihren Bau so manche Last verlieren, ist für die Pflanzen nur von Vorteil. Andere Wiesenfrüchte besitzen kleine Widerhaken zum Anheften. Diese Kletten werden uns Menschen manchmal richtig lästig, und auch ein Mäuschen ärgert sich nach einer Weile über den kratzigen Behang und schüttelt ihn weit entfernt von der Mutterpflanze irgendwo ab. Durch wirkungsvolle Blütenstaub- und Samenverbreitung sorgen somit die Tiere selbst für den Erhalt ihres Lebensraumes, der Wiese.

1 Und davon soll ich satt werden?

Trockenmagerrasen im Münchner Norden

- **Strecke:** große Runde von/bis Bus oder Parkplatz ca. 7,5 km
- **Gehzeit:** ca. 2–3 Std.
- **Tourencharakter:** leichter Spaziergang durch Heidewiesen und Wald, mit Kletter- und Bademöglichkeiten; wenig Schatten im Sommer
- **Kinderwagen-/fahrradgeeignet:** ja/überwiegend
- **Ausgangs-/Endpunkt:** Bushaltestelle Kreuzhof an der B 13/Ingolstädter Straße nach Eching bzw. Parkplatz östlich der St 2053 Richtung Eching
- **Anfahrt:**
Öffentliche Verkehrsmittel: Mit der S-Bahn nach Unterschleißheim und weiter mit Buslinie 219 bis Haltestelle Kreuzhof. **Auto:** Auf der B 13/Ingolstädter Straße bis Unterschleißheim, hier auf die St 2053 Richtung Eching abbiegen
- **Parkmöglichkeit:** östlich an der St 2053 Richtung Eching kurz nach dem Abzweig von der B 13
- **Einkehr:** Gaststätte Kreuzhof an der B 13

Bunte Blütenteppiche im zeitigen Frühjahr, duftende Kräuter im Sommer und jede Menge schillernder Schmetterlinge sind die Belohnung für manchmal schnurgerade, dafür aber bequem flache Schotterwege durch die bayerische Heidewiese. Wem es im Hochsommer zu heiß wird, der nimmt am besten ein Badetuch für eine Abkühlung im Mallertshofener See mit!

Botanische Spezialisten auf Trockenmagerrasen

Gletscherzungen schoben einst an ihren Rändern jede Menge Geröll neben und vor sich her. Zog sich das Eis wegen steigender Temperaturen zurück, blieben die Steine liegen und stellten den Untergrund

Auf einer mächtigen Lage Kieselsteine befindet sich nur eine dünne Humusschicht, die den Heidepflanzen als Wasser- und Nährstofflieferant dient.

für die sich neu entwickelnde Landschaft dar. Am nördlichen Ende des Isargletschers entstand so der Grund und Boden unserer Stadt: die Münchner Schotterebene. Durch Verwehungen und Ablagerungen aus dem Umland konnte im Laufe der Zeit eine dünne Humusschicht und eine speziell an diese Umstände angepasste Heideflora entstehen. An einem derartigen Standort müssen Pflanzen mit mehreren Schwierigkeiten zurechtkommen. Sie haben in der dünnen Erdschicht nur wenig Nährstoffe zur Verfügung. Zudem ist es die meiste Zeit über sehr trocken, da das Regenwasser nicht gespeichert werden kann und schnell abläuft. Und es gibt keine größeren Pflanzen als Windschutz oder Schatten, sodass es im Sommer extrem heiß und im Winter eisig kalt wird. Das Besondere für den Münchner Raum ist nun, dass sich hier die heimische Vegetation des sogenannten Trockenmagerrasens mit Vertretern der alpinen und mediterranen Flora und Einwanderern aus östlich gelegenen Steppen wie Ungarn zu einer einzigartigen Pflanzengesellschaft, der Bayerischen Heidewiese, mischt. Nach Informationen des Heideflächenvereins sind daraus über 200 Pflanzenarten bestimmt, von denen wiederum ca. 40 Arten heute vom Aussterben bedroht sind. Ein Großteil dieses Lebensraumes wurde durch den Einfluss des Menschen zerstört, vor allem seit der Einführung des Kunstdüngers, der sogar auf derartig dünnem Erdreich landwirtschaftliche Erträge möglich machte. Die nur mäßig bewachsenen Flächen um Garching und Mallertshofen herum nutzten die Bauern bis ins vorletzte Jahrhundert hinein entweder als Streuwiesen oder als gemeinsamen Weidegrund für ihre Herden aus Pferden, Rindern, Schafen und Ziegen. Im 20. Jahrhundert dienten die großräumigen Ebenen im Münchner Norden als Truppenübungsplätze. Beide Maßnahmen sorgten mehr oder weniger gut dafür, dass keine Büsche aufkamen und der heideartige Charakter der Landschaft erhalten blieb. Aus Gründen des Naturschutzes werden seit einigen Jahren wieder regelmäßig wandernde Schafherden auf die Magerrasen geführt. Mit dem Fell oder ihren Hufen verbreiten die Tiere Saatgut von einer Heidefläche zur anderen, und durch das Abfressen verhindern sie das Wachsen von Sträuchern. Da den Tieren Nadelbäume nicht schme-

Biologische Rasenmäher verhindern das Wachstum von größeren Sträuchern.

In der Mallertshofener Heide

Der idyllisch gelegene Mallertshofener See ist eine ehemalige Kiesgrube.

cken, konnte sich an manchen Stellen im Mallertshofener Holz ein lichter Kiefernbestand durchsetzen. Denn gerade die Wald-Kiefer besitzt eine lange Pfahlwurzel, mit der sie an das hier besonders tief liegende Grundwasser reicht. Am Rand des Naturschutzgebietes liegt der aus einer ehemaligen Kiesgrube entstandene Mallertshofener See. Er wurde nie offiziell als Badesee ausgewiesen, daher gibt es auch weder ein Badeverbot für Hunde noch regelmäßige Überprüfungen der Wasserqualität oder Freizeiteinrichtungen. Trotzdem oder gerade deswegen ist es dort vor allem in den frühen Morgenstunden besonders stimmungsvoll.

Heidepflanzen: perfekt an Wassermangel angepasst

An der Vegetation fallen gleich auf den ersten Blick einige wiederkehrende Merkmale für eine perfekte Anpassung an diesen Standort mit Wassermangel auf. Kaum ist der Schnee geschmolzen, überziehen kleine pelzige Pflänzchen mit lila Glockenblüten den steinigen Boden. Das ist die von Osten eingewanderte **Küchenschelle**, botanisch auch Pulsatilla genannt. Sie ist eine alte Heilpflanze für Erkältungskrankheiten und vor allem in Form von homöopathischen Globuli für Kinder bekannt. Der haarige Pelz schützt das zarte Gewächs in kalten Frühlingsnächten und bremst den über die Blätter streichenden Wind. So spart es Wasser, denn es muss weniger transpirieren. Wie die Küchenschelle verlegen auch andere Heidepflanzen ihre gesamte Entwicklungsphase in die Frühlingszeit, in der sie wachsen, blühen, fruchten und Reservestoffe in der Wurzel anlegen. Wenn es zum Sommer hin heißer und trockener wird, sterben ihre oberirdischen Teile ab, sie ziehen sich unter die Erde zurück und warten dort bis zum nächsten Frühjahr. Andere Pflanzen sparen Wasser, indem sie nur sehr schmale Blätter und damit eine geringere Verdunstungsfläche haben. Im Sommer duftet es in der Heide angenehm nach **Thymian**. An seinem quirligen Wuchs, seinen kleinen wohlriechenden Blättchen und dem zartrosafarbenen Blütenstand kann man ihn sofort erkennen. Er wächst wie viele andere Gebirgspflanzen dicht niederliegend am Boden, denn dort ist es in kühlen Nächten am wärmsten. Seine aromatischen Blätter sind nicht nur ein beliebtes Gewürz in der Mittelmeerküche, sondern auch ein Heilmittel gegen zähen Husten. Ein am Grund leicht verholzter, kleiner Busch mit gelben Schmetterlingsblüten ist der **Gins-**

> **Wegverlauf**
> Östlich der Ingolstädter Straße/B 13 die Bahngleise überqueren – Fuß-/Radweg ins Naturschutzgebiet – Mallertshofener See südlich umrunden – an der Südostecke Pfad und Steinstufen durch die Büsche hinauf – links halten – nach wenigen Metern rechts in den Weg einbiegen – rechter Hand liegt eine offene Kiesfläche (dünne Humusschicht am Rand gut sichtbar!) – an der nächsten breiteren Kiesstraße links – an der nächsten großen Kreuzung rechts – das Waldstück auf breitem Wanderweg umrunden – auf dem Rückweg Richtung Kirche halten – geradeaus durch die Heide – zurück zur Bushaltestelle.

Thymian liebt trockenen Boden.

Der Ginster diente zum Färben von Stoffen.

ter. Er braucht die Hitze sogar, denn erst bei absoluter Trockenheit platzen seine hülsenartigen Früchte auf und geben die Samen frei. Früher wurde er als Ersatz für Indigo zum Färben von Stoffen verwendet.

Das Schachbrettchen flattert unermüdlich, am liebsten an heißen Sommertagen in den Mittagsstunden.

Tierische Heidebewohner

Da die Heidegebiete eher flach sind und keine größeren Schutzräume bieten, sind sie vor allem für **Insekten** ein Paradies. An sonnigen Tagen können hier zahlreiche, inzwischen selten gewordene Schmetterlingsarten beobachtet werden. Leicht zu erkennen, aber nur von Fachleuten genau zu bestimmen, sind die Bläulinge mit

In der Mallertshofener Heide

Labkraut wurde früher zur Herstellung von Käse verwendet.

ihren blau schimmernden Flügeldecken. Der **Schachbrettfalter** hat seinen Namen ebenfalls von seinem typischen Muster auf der Flügeloberseite. Vertreter aus der Schmetterlingsfamilie der **Dickkopffalter** erkennt man – wie ihr Name schon sagt – an einem Kopf, der breiter ist als der Rest des Körpers. Sind ihre Flügel geöffnet, steht das vordere Paar in einem spitzen Winkel zum hinteren. In unseren Breiten sind diese Schmetterlinge orange, braun, grau oder schwarz gefärbt. In den Tropen dagegen gibt es zahlreiche bunt gefärbte Arten. Mit etwas Glück kann man im Frühsommer einige **Feldlerchen** entdecken. Sie bauen sich ihr Nest in eine steinige Bodenmulde, dort sind ihre hellen gefleckten Eier gut getarnt. Ähnlich wie ein Turmfalke vollführt die Feldlerche einen Rüttelflug, das heißt, sie kann durch Hin- und Herrütteln ihrer Flügel nahezu in der Luft stehen. Dabei trägt sie ihren typischen Lerchengesang vor. Anschließend lässt sie sich wie ein Sack fallen, bremst kurz vor dem Boden und landet elegant.

Weitere Aktivitäten:
Baden im Mallertshofener See; Radtour nach Oberschleißheim mit Schlossbesichtigung oder zur Flugwerft; Naturschutzgebiet der Garchinger Heide

Kids: Aufgepasst!

❀ Lerchen – echte Balancierkünstler

Lerchen gehören zu den wenigen Vögeln, die am Boden nicht hüpfen, sondern trippeln und rennen. Sie sind wahre Gleichgewichtskünstler, denn dazu müssen sie wenigstens kurzzeitig auf einem Bein stehen können! Um nicht umzukippen, besitzen sie an ihrer nach hinten gerichteten Kralle eine zusätzliche Stütze, den Lerchensporn. Tipp: Achte einmal bei deinem nächsten Frühlingsspaziergang auf ein lila oder weiß blühendes Pflänzchen unter den Büschen, das könnte der Lerchensporn sein. Schau dir die Blüten genau an, dann verstehst du den Namen (siehe Abb. S. 56)!

❀ Experiment: Mit Pflanzen färben

Mit den Blättern, Blüten und Stängeln des kleinen Färberginsterstrauches hat man vor der Erfindung der synthetischen Farbstoffe Wolle gelb gefärbt. Aber auch aus vielen anderen Pflanzen lassen sich bunte Farben zaubern. Besorge dir ein Handarbeitsbuch und probier es einmal selbst aus! Am besten eignen sich dafür Seidentücher oder Knäuel aus heller Schafwolle, die man je nach Farbwunsch vor der Behandlung mit Alaun aus der Apotheke beizen muss. Färbepflanzen kannst du in Spezialhandlungen bestellen oder du sammelst sie auf deinem nächsten Spaziergang selbst (aber bitte nicht in einem Naturschutzgebiet!).

Schafgarbe macht Wolle gelb, Walnussschalen braun, Wurzeln von Labkraut färben rot, Blüten der Wilden Möhre blaugrau. Lass dich von den Farbeffekten überraschen!

Schafgarbe färbt Wolle gelb, das Labkraut mit seinen weißen, sternförmigen Blütchen verwandelt sie in rot.

Die flache, steinige Ebene im Münchner Norden diente stellenweise zu militärischen Zwecken. Heute darf sie friedlich von botanischen Überlebenskünstlern zurückerobert werden.

2 Zauberpflanzen am Wegesrand

Fettwiesen bei Hohenschäftlarn

- **Strecke:** vom S-Bhf. Icking bis zum S-Bhf. Ebenhausen ca. 7 km
- **Gehzeit:** ca. 3 Std.
- **Tourencharakter:** gemütliche Wanderung durch Wiesen und Wald zum Bett der Isar, nur zwischen Isar und Kloster Schäftlarn geteerter Fußweg neben Autostraße; kurze anstrengende Steigung vom Kloster Schäftlarn zum Bhf. Ebenhausen
- **Kinderwagen-/fahrradgeeignet:** nur bedingt
- **Ausgangspunkt:** Bushaltestelle Kreuzhof an der B 13/Ingolstädter Straße nach Eching bzw. Parkplatz östlich der St 2053 Richtung Eching
- **Endpunkt:** S-Bhf. Ebenhausen bzw. Parkplatz an der Isarbrücke
- **Anfahrt:**
Öffentliche Verkehrsmittel: S 7 bis Icking/ab Ebenhausen. **Auto:** Auf der B 11 nach Ebenhausen/Hohenschäftlarn, Richtung Kloster Schäftlarn abbiegen und am Kloster vorbei bis zur Isarbrücke
- **Parkmöglichkeit:** nordöstlich der Isarbrücke an der Klosterstraße
- **Einkehr:** Gaststätte und Biergarten Kloster Schäftlarn

Auf abwechslungsreichen, leicht zu bewältigenden Wegen taucht man in die Wunderwelt der Wiese ein. So ganz nebenbei finden sich am Wegesrand zahlreiche Beispiele für Pflanzen, über die sich schon unsere Vorfahren Mythen und Märchen erzählt haben. Eine Pause zum Steine in die Isar werfen und ein historisch interessanter Abstecher in die Klosterkirche runden einen erlebnisvollen Tagesausflug ab.

Reich an Nährstoffen – die Fettwiese

Wenn man von Icking zur Isar möchte, muss man erst einmal die eiszeitliche Moräne hinabwandern. Unten im ehemaligen Gletschertal angekommen, eröffnet sich ein idyllischer Blick auf das historische Kloster Hohenschäftlarn. Aufgrund seiner Lage neben dem Fluss wurde es bereits einige Male durch Überschwemmungen beschädigt. Inzwischen halten Dämme die Isar im Zaum, sodass auf der Talebene sogar Land-

> **Tipp**
>
> **Insekten-Forschung auf der Wiese**
> Um den Reichtum und die Vielfalt an Insekten in einer Wiese zu entdecken, muss man kein Wissenschaftler sein. Mit etwas Neugier, Geduld und einer Becherlupe in der Hand lassen sich viele verschiedene Arten genau betrachten und unterscheiden. Welche Tiere fliegen zu welcher Blütenform, bleiben sie einer Art treu, in welches Stockwerk gehören sie, findet sich eine andere Lebensform (Ei – Raupe – Puppe – Schmetterling) in einem anderen Bereich? Wie die Art genau heißt, ist zunächst gar nicht so wichtig. Das Naturkunstwerk Wiese lässt sich auch so bewundern und bestaunen! Wie wäre es, auf den nächsten Spaziergang Block und Bleistift mitzunehmen und zu versuchen, ein Wiesenhaus zu zeichnen?

wirtschaft betrieben werden kann. Wie nahezu überall um München herum finden sich hier vorwiegend Fettwiesen mit Pflanzen, die an ein reiches Nährstoffangebot angepasst sind. Sie werden regelmäßig gedüngt und mehrmals im Jahr gemäht. Das Grünzeug wird frisch in Folie zu riesigen Ballen luftdicht verpackt. Diese »Dinosaurier-Eier« hat jeder bei einer Überlandfahrt schon einmal gesehen. Mit darin eingeschlossen sind sogenannte Milchsäurebakterien. Unter Luftabschluss beginnen sie einen Vergärungsprozess, ähnlich wie bei der Herstellung von Sauerkraut. So wird das Gras haltbar gemacht. Im Winter kann der Bauer dann Ballen für Ballen an sein Vieh im Stall verfüttern.

Bild links: Kloster Schäftlarn liegt in einem Tal, das von einem Gletscher gegraben wurde.

Schon vom Wegesrand aus lässt sich das Wunderwerk Wiese bestaunen.

Frauenmantel kann aktiv Wassertröpfchen aus den Zellen am Blattrand drücken.

Weitere Aktivitäten: Baden an der Isar; Besuch der Klosterkirche

Alte Heil- und Zauberpflanzen

Die schönste Zeit, um eine Wiese genauer zu untersuchen, ist zweifelsohne von Ende Juni bis Anfang Juli. Zur Sommersonnenwende zeigt die Vegetation ihre üppigste und farbenprächtigste Entfaltung. Alle Kräuter, die die Natur jetzt hervorbringt, werden schon seit Jahrtausenden für besonders heil- und zauberkräftig gehalten. Gelbe Strahlenblüten versinnbildlichen die Sonne, die um diese Zeit ihren Höchststand hat. Ein alter christlicher Brauch ist, zu Mariä Himmelfahrt (15. August) einen Sommerbuschen aus ganz bestimmten Kräutern zu binden und während des Gottesdienstes weihen zu lassen. Um Unglück von Mensch, Vieh und Haus fernzuhalten, wird er im Herrgottswinkel aufgehängt oder in den winterlichen Raunächten zur Vertreibung der Dämonen der Glut beigemischt. Als die »hochheilige« Zeit in der Natur gilt der »Frauendreißiger«, die Zeit zwischen Mariä Himmelfahrt (15. August) und Mariä Geburt

Der sanfte Hügel im Hintergrund ist Teil des Moränenwalls, der sich seitlich am flachen Gletschergraben entlang schlängelt.

(8. September). Selbst giftige Tiere sind dem Volksglauben nach in diesen Wochen heilsam.

Eng verbunden mit der heiligen Maria ist der **Frauenmantel**. Sein Blütenstand mit zahlreichen kleinen zartgelben Blüten ist eher unscheinbar, aber die oft flächendeckenden Blätter sind gut wiederzuerkennen. Sie sind rundlich bis nierenförmig, weich behaart und nicht nur im jungen Zustand leicht gefaltet. Ihr Rand ist gezähnt. Sie erinnern an den Geborgenheit schenkenden Schutzmantel der Muttergottes, mit dem die Figur auf zahlreichen mittelalterlichen Gemälden dargestellt ist. Ebenso schützend in seiner Wirkung ist der aus den getrockneten Blättern der Pflanze hergestellte Heiltee. Er hilft bei allgemeinen Frauenbeschwerden und Stillschwierigkeiten. Wer es schafft, an einem sonnigen Sommertag ganz früh aufzustehen, kann am Blattrand aktiv ausgeschiedene Wassertröpfchen entdecken, die in die Mitte des Blattes hinunterkullern und dort zu

Aus Johanniskraut wird ein stärkendes Öl gewonnen.

Das Berufkraut hilft dem Aberglauben nach gegen böse Verwünschungen.

einem großen, glänzenden »Muggelstein« zusammenlaufen. Auch dieser Tropfen soll besonders Frauen guttun und wird für Kosmetikprodukte gesammelt. Am 24. Juni wird der Geburtstag des heiligen Johannes, des Täufers, gefeiert, von dem ebenfalls zahlreiche Legenden mit wunderkräftigen Pflanzen handeln. So soll sich der Heilige zum Beispiel mit **Johannisbeeren** gestärkt haben. In manchen Regionen Bayerns gilt: So hoch wie die jungen Burschen über das Johannisfeuer springen können, so hoch wird der diesjährige Flachs. Eine andere Geschichte handelt von einem zarten Mädchen, das den Kampf gegen den Teufel mithilfe von **Johanniskraut** bestanden haben soll. In seiner Wut über den Verlust schlug der Bösewicht seine lang bekrallten Finger in die Pflanze. Heute wissen wir, dass diese charakteristischen »Löcher« in den Blättern Drüsenzellen mit ätherischen Ölen sind. Beim Zerreiben erhält man einen roten Saft, der an die Enthauptung des Täufers erinnert. Ein sonnenenergiegeladener Blattextrakt wird schon seit vielen Hundert Jahren erfolgreich gegen Depressionen verabreicht.

Die gänseblümchenartigen Blüten, die an bis zu 70 Zentimeter langen Stängeln sitzen, gehören zum **Berufkraut**. Es ist ebenfalls für einen Sommerbuschen unentbehrlich, schließlich schützt es Aber-

> **Wegverlauf**
>
> Vom S-Bhf. Icking die Hauptstraße nach Osten überqueren – dem Feldweg nach Nordosten durch Wiesen folgen – nach ca. 1 km führt der Weg durch den Wald nach unten – im Tal am Waldrand auf der Forststraße nach rechts bis zum Isardamm – auf dem Damm nach Norden zur Brücke – zwischendurch Pfade, die durch Auwald zur Isar mit Badestellen führen – an der Brücke links nach Kloster Schäftlarn – hinter dem Gasthof steiler Aufstieg nach Ebenhausen und zum S-Bhf.

gläubische vor Verwünschungen. »Berufen« oder »verschrien« ist jemand, dem eine Hexe oder ein Mensch mit bösem Blick etwas Übles nachgesagt hat, ähnlich wie Dornröschen im Märchen. Die Folge davon kann sein, dass Kinder nicht gedeihen, jemand von einem unerwarteten Hexenschuss durchfahren wird oder man ausrutscht und sich ein Bein bricht. Abgewendet werden kann dieser Zauber unter anderem durch die Behandlung mit sogenannten Berufkräutern in Form von Amuletten um den Hals oder als Absud im Bad. So glaubten es zumindest unsere Vorfahren.

Im schattigen Wald am Wegesrand findet man bei dieser Wanderung die hochgiftigen **Tollkirschen**. Im Frühsommer trägt der kleine Strauch lila Glockenblüten, deren Spitzen ins Gelbliche verlaufen. Reifen die kugeligen Früchte heran, bleibt an ihrem Grund der fünfstrahlige Kelch in Form eines Sternes erhalten. Ab August glänzen die schwarzen »Kirschen« verlockend am Strauch, leider schmecken sie angeblich auch sehr gut. Aber bereits vier Stück können für ein Kleinkind tödlich sein! Das alte nordische, besonders angriffslustige Volk der Berserker hat sich einst vor dem Kampf mit dem Saft einzelner Früchte bis zur Schmerzunempfindlichkeit berauscht. Ägyptische Schönheiten nutzten ebenfalls schon vor Tausenden von Jahren kleinste Tröpfchen dieses Saftes, indem sie damit ihre Augen benetzten, um die Pupillen zu vergrößern. Für die Tollkirsche wurde diese Eigenschaft namengebend, denn sie heißt auf Lateinisch Belladonna, »schöne Frau«. Aber bitte auf keinen Fall selbst ausprobieren!

Giftige Tollkirschen sind für Kinder ein absolutes Tabu, auch wenn sie noch so verlockend aussehen.

✿ Graslandschaften

Graslandschaften wie unsere Wiese findest du fast überall auf der Welt, nur haben sie unterschiedliche Namen.

In Afrika in der Nähe des Äquators gibt es zwischen der Zone der tropischen Regenwälder und den Wüsten sogenannte **Savannen**. Dort regnet es nicht oft, deshalb ist der Boden verhältnismäßig trocken. Zwischen den hohen Grashalmen pirschen sich Löwen und Geparden mit ihrem hellen Fell nahezu unsichtbar an ihre Beute heran. Bäume gibt es dort nur vereinzelt und in großen Abständen. Der Baobab zum Beispiel kann reich verzweigte Wurzeln im Umkreis von 20 Metern haben. Damit saugt er nach einem Regenguss alles verfügbare Wasser seinen Konkurrenten weg und speichert es in seinem umfangreichen Stamm für trockene Zeiten.

In der nordamerikanischen und kanadischen **Prärie** wachsen keine Bäume. Dort durften bis ins vorletzte Jahrhundert hinein große Büffelherden grasen, die für die Prärieindianer eine wichtige Lebensgrundlage waren. Sie gewannen aus den Tieren Fleisch, Leder, Felle und Sehnen für ihre Bogen.

In Südamerika wird die Graslandschaft als **Pampa** bezeichnet. Heutzutage werden weite Teile dieser verschiedenen Böden künstlich bewässert und gedüngt, damit man Nahrungspflanzen wie Mais, Sojabohnen oder Weizen darauf anbauen kann.

Zu kalt für den Anbau von Nutzpflanzen sind die weiten Ebenen auf der Nordhalbkugel unserer Erde, unterhalb der Arktis, die sogenannten **Tundra**-Gebiete. Hier überleben nur Polarfüchse, Wölfe und hoch spezialisierte Pflanzen, da sie mit extrem langen Kältezeiten zurechtkommen müssen. Der Boden dort taut nur im Sommer einen halben Meter tief auf, darunter ist er das ganze Jahr über gefroren!

Hol dir einen Globus oder einen Atlas und versuche, die verschiedenen Graslandschaften unserer Erde zu finden!

✿ Tierisch raffiniert

Die hohen Gräser bieten am Boden brütenden Vögeln Schutz, zum Beispiel den Rebhühnern. Duckt sich die bräunlich gefiederte Henne bei Gefahr über ihre Eier, ist ihr Nest bestens getarnt. Währenddessen lockt der Hahn den Feind von seiner Brut weg, indem er durch Hinken vortäuscht, verletzt und damit eine leichte Beute zu sein. Was für ein raffinierter Trick!

Kids: Aufgepasst!

🌸 Brennnesseln als Lieblingsessen?

Kannst du dir vorstellen, dass jemand gerne Brennnesseln mag? Für das wunderschöne Tagpfauenauge ist diese für uns manchmal schmerzhafte Pflanze ein lebensnotwendiger Leckerbissen! Die Schmetterlingsmutter legt ihre Eier ausschließlich auf die Unterseite der behaarten Brennnesselblätter. Dort schlüpfen die Raupen, die gleich hungrig zu fressen beginnen, ohne dabei den geringsten Schaden an den Brennhaaren zu nehmen. Reißen wir Menschen das »störende« Unkraut aus, zerstören wir die Lebensgrundlage dieses einzigartigen Falters!

Die Raupen des Tagpfauenauges fressen nur Brennnesselblätter.

🌸 Der Regenwurm – ein wichtiger Bewohner im Wiesenhaus

Das bekannteste Tier aus dem Keller eines Wiesenhauses dürfte wohl der Regenwurm sein. Weißt du auch, warum er so berühmt und wichtig ist? Zum einen gräbt ein Wurm durch seine Gänge durch die Erde, wodurch die frische Luft bis zu den Wurzeln der Pflanzen zieht. Zum anderen holt er abgefallene Blätter von der Oberfläche in seine Behausung und vertilgt sie dort unten. Die zerkauten Stückchen werden während der Verdauung in noch kleinere, wieder verwendbare Bestandteile zerlegt. Muss der Regenwurm dann mal »aufs Klo«, gibt er dem Boden und den darin wurzelnden Pflanzen wertvolle Nährstoffe zurück. Kommen bei Regenwetter ganze Scharen von Würmern aus ihren Löchern heraus, liegt dies daran, dass ihre Wohnungen überschwemmt sind und sie darin ertrinken würden.

🌸 Wiesenklee: der Bodenverbesserer

Auch Pflanzen können dafür sorgen, dass die Eigenschaften eines Bodens besser werden, zum Beispiel der Wiesenklee! Und das kommt so: Damit Pflanzen wachsen können, brauchen sie verschiedene Nährstoffe. Einer davon heißt Stickstoff. Normalerweise kommt dieser Stickstoff im Boden oder in der Luft in einer Form vor, die die Wurzeln nicht verwerten können. Damit die Pflanzen

Kids: Aufgepasst!

auf einem Acker gut wachsen, düngt der Bauern mit Gülle oder Kunstdünger, die eine gut verwertbare Form von Stickstoff enthalten. Was hat das nun mit Klee zu tun? Dieses Gewächs ersetzt teilweise den Kunstdünger, denn es ist ein wahrer Künstler: An seinen Wurzeln bilden sich kugelige Knöllchen, in denen sich fleißige Bakterien befinden. Sie arbeiten wie in einer Fabrik: Aus der Luft nehmen sie den für Pflanzen nicht geeigneten Stickstoff auf und verwandeln ihn in einen brauchbaren Zustand. Lässt der Bauer für einen Sommer Klee auf seinem Acker wachsen, ist der Boden durch diese unsichtbaren Lebewesen wunderbar für die nächste Aussaat mit Stickstoff versorgt!

Der Wiesenklee düngt eine Wiese durch seine Lebensgemeinschaft mit Knöllchenbakterien.

Wer vom Isartal zurück zu den Bergen blickt, bekommt einen Eindruck von den gewaltigen Spuren, die die Gletscherzungen in unserer Landschaft hinterlassen haben.

3 Im Moor ist's gar nicht schaurig!

Über den Plankenweg bei Leutstetten

- **Strecke:** Große Runde von/bis S-Bhf. Starnberg Nord ca. 9 km
- **Gehzeit:** ca. 3–4 Std.
- **Tourencharakter:** abwechslungsreiche Tour am Rande des Moors, zum Teil auf Plankensteg. Zwischen Leutstetten und S-Bahnhof zwar auf separatem Fuß-/Radweg, aber neben der Straße
- **Kinderwagen-/fahrradgeeignet:** ja
- **Ausgangs-/Endpunkt:** S-Bhf. Starnberg Nord oder Starnberg bzw. bei Anreise mit dem Auto Heimathshausen oder Leutstetten
- **Anreise:**
Öffentliche Verkehrsmittel: Mit der S 6 bis Starnberg Nord oder Starnberg.
Auto: Über die A 95/A 952 bzw. die B 2 nach Starnberg-Percha; dort abbiegen nach Heimathshausen; oder auf der St 2063 nach Leutstetten.
- **Parkmöglichkeit:** in Heimathshausen oder (eingeschränkt) in Leutstetten
- **Einkehr:** Gasthof in Leutstetten; div. Lokale in Starnberg

Wird das Gelände an manchen Stellen etwas feucht, führt ein trockener Plankenweg den Wanderer durch den verlandeten Nordteil des Starnbergers Sees. Noch heute findet man dort botanische Zeitzeugen dieses ökologisch interessanten Vorgangs wie Torfmoos, Schachtelhalm und andere Moorspezialisten. Die Wanderung ist gut zu kombinieren mit einem Bade- oder Bootsausflug in Starnberg.

Wie ein Moor entsteht

Durch mehrmaliges Abschmelzen und erneutes Zufrieren schoben sich die Gletscherspitzen vor und zurück und schürften dabei breite Becken in den Untergrund. Wo das Schmelzwasser wegen undurchlässiger Mineralienschichten im Boden nicht versickern konnte und sich aufstaute, entstanden daraus sogenannte Zungenbeckenseen. Durch ständigen Zufluss aus den Bergen wurden die Seen so hoch aufgefüllt, bis der Wasserdruck an einer geeigneten Stelle die Endmoräne durchbrach und einen Abfluss hinab in die Schotterebene schürfte. So muss es sich bis vor rund 10 000 Jahren auch in der Umgebung des heutigen Starnberger Sees abgespielt haben. Geologen entdecken noch auf der Höhe des Leutstettener Gasthauses auf 605 m ü. NN wasserundurchlässige Schichten im Untergrund. Deshalb gehen sie davon aus, dass der – ursprünglich nach der letzten Eiszeit benannte – Würmsee zunächst einen etwa 20 Meter höheren Wasserspiegel hatte. Am nördlichen Ende des damaligen Sees westlich von Leutstetten durchbrach der Abfluss den Moränenwall und grub das Würmtal in die tiefer gelegene Landschaft. Über Gauting, Pasing und Obermenzing fließt die Würm schließlich hinter Dachau in die Amper. Große Auswirkungen hatte zusätzlich die hohe Lage des Sees, denn dadurch erhält er keinen alpinen Zufluss. Durch Abfluss, Verdunstung und Ablagerungen wurde die Wasserfläche im nördlichen Bereich so seicht, dass allmählich ein Verlandungsprozess einsetzte und ein Moor entstand.

Im Leutstettener Moor

Die ungiftige Ringelnatter ist leicht an ihrer gelben Zeichnung am Kopf zu erkennen.

Menschliche Eingriffe ins Moor

Früher wurden Moore von Menschen gemieden. Es war gefährlich, sich in dieses unsichere Gelände vorzuwagen, schließlich konnte man, ohne etwas zu ahnen in ein Sumpfloch treten und im schlimmsten Falle sogar darin ertrinken. Schauergeschichten von Moorleichen und Irrlichtern hielten die Bevölkerung von diesen Landstrichen fern, bis jemand entdeckte, dass der faserige Torf voller Pflanzenreste hervorragend als Brennstoff geeignet war. Nach dem Abtragen der oberen 50 Zentimeter konnte der Boden beackert und bebaut werden. Hungers- und Wohnungsnot waren die ersten Gründe, die aus Teilen der Bevölkerung Torfstecher machten. Im 18. Jahrhundert erließ Friedrich der Große eine Verordnung, Moore zu bearbeiten, um neuen Siedlungsraum für die stets anwachsende Bevölkerung zu gewinnen. Zur Zeit der Industrialisierung wurde der Brennstoff für allerlei Maschinen benötigt. Weite Moorflächen wurden dabei unwiederbringlich zerstört. Erst in den 80er-Jahren des letzten Jahrhunderts erkannten Umweltschützer den ökologischen

Weitere Aktivitäten:
Baden am Starnberger See, Spielplatz und Schwimmbad am See; Bootsfahrt; Heimatmuseum in Starnberg

Im Leutstettener Moor

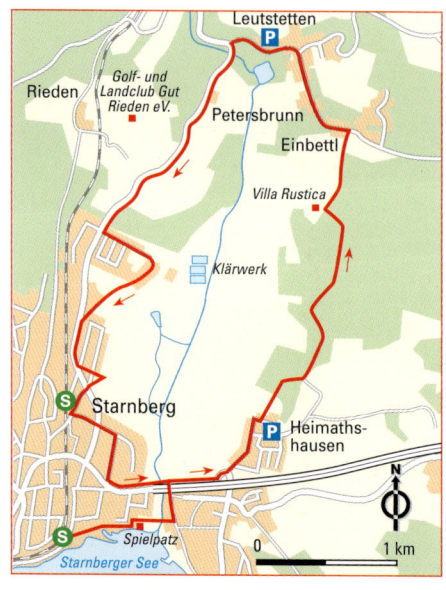

Trügerische Moospolster und bizarre Baumstämme tauchen die Landschaft in einen märchenhaften Zauber.

Wert dieser besonderen Pflanzen- und Tiergesellschaften und stellten die ersten Moore unter Naturschutz. Folgt man im Leutstettener Moos dem Wegweiser »Wildmoos«, sieht man besonders deutlich, wie der Weg seitlich etwa knietief abfällt. Hier wurde noch im 20. Jahrhundert der Torf abgetragen. Nach einem guten Kilometer erreicht man das alte Wildmooshäusl, in dem die Torfstecher eine warme Mahlzeit erhielten. Größtenteils sind die Flächen heute mit Fichtenmonokulturen aufgeforstet.

Im Leutstettener Moor

Ein See verlandet

Die Pflanzenabfolge bei der Verlandung eines Sees entspricht in der Regel einem klassischen Muster: Der innerste Rand eines Pflanzengürtels im Flachwasserbereich liegt bei einer Wassertiefe von rund zwei Metern und wird von **Schwimmblattpflanzen** wie See- und Teichrose gebildet. Schilfröhricht und Wasserschwertlilien wachsen näher am Ufer in einer Zone, die bei Niedrigwasser für kurze Zeit sogar austrocknen kann. Ihre Wasser- und Erdsprosse halten den Schlamm fest und bieten **Moosen** und **Flechten** neuen Siedlungsraum. Diese wiederum verfilzen im Laufe der Zeit zu einer dichten Decke, bis kein Sauerstoff mehr an die Wurzeln unter Wasser kommt. Damit beginnt der Vertorfungsprozess. Das bedeutet, organisches Material wie Stängel, Wurzeln und Laub wird unter Luftabschluss nicht mehr vollständig abgebaut und der pH-Wert des Untergrunds wird wegen chemischer Reaktionen leicht sauer. Solche Flächen werden als Niedermoore oder auf Bayrisch auch als Filze bezeichnet. Sie bieten Platz für Feuchtigkeit liebende

> **Wegverlauf**
> Vom S-Bhf. Starnberg Nord südlich in Richtung Landratsamt – neben der Autobahn bis Ausfahrt Percha – hinter dem Sportplatz links nach Heimathshausen – ab hier dem Wanderwegweiser Moorrundweg über Villa Rustica nach Leutstetten folgen – in Leutstetten Brücke über den Würmdurchbruch – den Fuß-/Radwegschildern folgend zurück zm S-Bhf. Starnberg Nord.

Die weißen Büschelchen auf der feuchten Wiese gehören zu dem inzwischen selten gewordenen Wollgras.

Landpflanzen, die mit diesem leicht sauren Milieu zurechtkommen, dazu gehören Schachtelhalme und Seggen. Weiß leuchtende Wattebüschel in einer feuchten Wiese sind die Fruchtstände des **Wollgrases**. In den Pfützen wachsen gelbe **Sumpfdotterblumen**, entlang der zahlreichen Bächlein findet man vereinzelt gelbe **Schwertlilien**. Werden diese Feuchtwiesen einmal im Jahr gemäht, bleibt der Lebensraum für **Orchideen** wie das **Fleckige Knabenkraut** oder den **Blauen Teufelsabbiss** und den von ihm abhängigen Falter erhalten. Lässt man die Wiesen verwildern, entsteht über Jahrhunderte hinweg ein Moorwald mit **Weiden**, **Faulbäumen**, **Birken**, **Erlen** und **Kiefern**. Der See ist verlandet.

Hochmoor – nur für Spezialisten

Gibt es in einer Landschaft eine Stelle, die keinen Anschluss an das Grundwasser mehr hat, aber bei hohen Niederschlägen nährstoffarmes Regenwasser ansammelt, sind die Voraussetzungen für die Bildung eines Hochmoores gegeben. Eine Schlüsselrolle spielt hierbei das **Torfmoos**. Am unteren Ende besitzen diese Pflänzchen keine Wurzel, sondern nur abgestorbene Teile. Die großen, toten Zellen saugen sich wie ein Schwamm voll und halten das überschüssige Wasser fest. An der oberen Spitze dagegen wachsen sie ständig weiter. Deshalb wölbt sich mit der Zeit das große Moospolster von den Rändern zur Mitte hin wie ein Uhrglas hoch. Betritt man ein trügerisches Sphagnum-Polster, läuft man Gefahr, je nach Dicke der Pflanzenmasse im angestauten Wasser zu versinken. Das Angebot an Nährstoffen ist extrem niedrig, der pH-

Typisch für Hochmoore ist das Torfmoos mit seiner enormen Wasserspeicherkapazität.

Wert wegen einer chemischen Reaktion der Torfmoose verhältnismäßig sauer. Unter diesen Umständen können sich in einem Hochmoor nur noch extrem anspruchslose Spezialisten ansiedeln, die gleichzeitig mit dem sich nach oben schiebenden Untergrund mitwachsen müssen. Eine ganz besondere Anpassung an das nährstoffarme Substrat kann man bei fleischfressenden Pflanzen beobachten. Der **Sonnentau**, benannt nach den schillernden Tropfen an seinen Blatträndern, lockt durch sein Glitzern Insekten an. Allerdings handelt es sich bei der Flüssigkeit nicht um Wasser, sondern um einen Kleber. Die kleinen Tierchen bleiben daran haften, das Sonnentaublatt rollt sich ein und der Leckerbissen wird verdaut. Nach einigen Tagen entrollt sich das Blatt wieder und der Wind verbläst die unverdauten Überreste. Dies ist eine überaus raffinierte Art, sich mit Stickstoff zu versorgen! Leider gibt es heutzutage nur noch sehr wenige echte Hochmoor-Bereiche und damit auch kaum mehr Lebensräume für diese ausgefallenen Überlebenskünstler. Im Leutstettener Moor wurde der Wanderweg am Rand der besonders bedrohten Zonen entlang verlegt. Bitte laufen Sie aus Respekt vor der einmaligen, schützenswerten Natur nicht quer über die Wiesen!

Auf den Planken übers Moor zu wandern ist für jeden etwas Besonderes.

Kids: Aufgepasst!

Der Schachtelhalm dürfte Dinosauriern nicht geschmeckt haben.

❀ Der Schachtelhalm – eine uralte Pflanze

Vielleicht hast du schon an besonders feuchten Stellen ein etwa kniehohes, grünes Gewächs ohne richtige Blätter entdeckt? Wie in Stockwerken stehen kreisförmig kurze, ebenfalls grüne Quirle vom Stängel ab und die ganze Pflanze ist längs gerillt? Dann hast du den Schachtelhalm gefunden! Man könnte die Stockwerke auseinanderziehen und wie Schachteln wieder ineinanderstecken, das hat die Botaniker auf diesen Namen gebracht. Die gesamte Pflanze ist besonders reich an Kieselsäure. Damit hat man früher schwarz angelaufenes Zinngeschirr wieder glänzend gemacht. Zu Zeiten der Dinosaurier gab es auf unserer Erde Schachtelhalme, die groß wie Bäume wurden! Wahrscheinlich wurden sie aber nicht gefressen, denn sie schmeckten ziemlich sauer, enthielten teilweise sogar giftige Inhaltsstoffe und waren ziemlich hart.

❀ Birken – schon bei den Indianern beliebt

Bei einem Rundumblick über die Landschaft fallen dir sicherlich sofort die Bäume mit der leuchtend weißen Rinde auf. Das sind Hängebirken oder in Leutstetten auch Moorbirken, die beiden Arten sind nur schwer voneinander zu unterscheiden. Sie liefern ein wertvolles Holz für den Kamin oder Kachelofen, aber man hat es früher auch für Gartenmöbel und Wäscheklammern verwendet. Bei den Indianern in Amerika wurden verschiedene Birkenarten sehr geschätzt. Baumstämme wurden ausgehöhlt, anschließend mit der wasserundurchlässigen Birkenrinde ausgekleidet und los ging die Fahrt im Kanu. Der amerikanischen Zuckerbirke kann man beim Laubaustrieb im Frühjahr leckeren süßen Saft abzapfen. Er wird schon seit Langem zum Aromatisieren von Kaugummis oder eingedickt als süßer Sirup verwendet.

Kids: Aufgepasst!

❀ Experiment: Was speichert Wasser besser als Moos?

Nimm dir bei einem Waldspaziergang ein kleines Polster von einer häufig zu sehenden Moosart mit. Lege es in die Sonne und lass es trocknen. Wie fühlt es sich an? Kannst du es drücken? Wiege es auf einer Küchenwaage. Dann legst du das Moospolster für mindestens fünf Minuten, besser noch über Nacht, in Wasser. Wie fühlt es sich jetzt an? Wie schwer ist es jetzt? Wie viel Wasser hat es aufgenommen? Von dem Torfmoos Sphagnum weiß man, dass es das 20-fache seines Eigengewichtes an Wasser aufnehmen kann! Mache den gleichen Versuch mit einem Küchenschwamm, einem Korken, einem Stück Watte und was du sonst noch in deiner Wohnung findest!

❀ Eine alte Römervilla im Moor

In der Villa Rustica am nördlichen Ende des Moorweges hat vor rund 2000 Jahren ein älteres römisches Ehepaar gelebt. Zu dieser Zeit gab es den umliegenden Wald noch nicht, denn der Boden war noch moorig und sauer. Stell dich so hin, dass du von der Villa aus nach Süden schaust. Was haben Publius und seine Frau wohl in dieser Richtung gesehen?

An der Villa Rustica erfährt man einiges über das römische Leben.

4 Giftiges und genießbares Wildobst

Einheimische Heckensträucher im Gleißental

- **Strecke:** große Runde von/bis S-Bhf. Deisenhofen ca. 6 km
- **Gehzeit:** ca. 2 Std.
- **Tourencharakter:** einfache Wanderung, nur im Ort Deisenhofen an der Straße entlang, sonst schöner Waldweg, nach Regen evtl. stellenweise matschig
- **Kinderwagen-/fahrradgeeignet:** ja
- **Ausgangs-/Endpunkt:** S-Bhf. Deisenhofen bzw. Parkplatz vor dem Wendehammer in der Stefanienstraße
- **Anreise:**
Öffentliche Verkehrsmittel: Mit der S 5 nach Deisenhofen. **Auto:** Auf der St 2368 München–Bad Tölz bis Deisenhofen, nach Norden in die Sauerlacher Straße und von dort in die Stefanienstraße abbiegen
- **Parkmöglichkeit:** vor dem Wendehammer im Süden der Stefanienstraße in Deisenhofen
- **Einkehr:** Gaststätten in Deisenhofen; Restaurant/Café am Deininger Weiher

Der Lebensraum Hecke bietet zahlreichen Tieren Unterschlupf, Schutz und Nahrung. Einige dieser Sträucher liefern auch uns Menschen vitaminreiche Früchte oder sogar Medizin. Aber wer kennt sie? Der teils sonnige, teils schattige, bequeme Wanderweg durch das Gleißental bietet für jeden Spiel-, Erlebnis- und Dazu-Lern-Möglichkeiten.

Das Gleißental – ein ehemaliges Flussbett der Isar

Während der letzten Eiszeit bis vor ca. 10 000 Jahren haben Zungen des Isar-Loisach-Gletschers tiefe Gräben in die südliche Münchner Schotterebene gezogen. Eines dieser mittlerweile ausgetrockneten Täler ist das Gleißental, das nördlich in Oberhaching ausläuft. Historische Funde aus der jüngeren Steinzeit, Keltenschanzen und Reste einer römischen Straße belegen rund um das Gleißental eine kontinuierliche Besiedelungsgeschichte, die bis ca. 2000 v. Chr. zurückreicht. Vermutlich floss vor langer Zeit in diesem ehemaligen Flussbett die Isar, bis sie sich in Grünwald einen neuen Weg suchte. Die mächtigen Gletscherströme transportierten über lange Zeit hinweg Felsbrocken in verschiedenen Größen aus den Bergen ins Flachland und schliffen sie auf ihrem weiten Weg zu abgerundeten Kieseln. Während das Flussbett allmählich austrocknete, wurden die Steine in den verbleibenden Kalk eingebacken. So entstand ein betonähnliches Sediment, das als Nagelfluh bezeichnet wird. Am besten kann man einen erdgeschichtlich interessanten Bodenaufschluss an der, einem Amphitheater ähnlichen Ausbuchtung relativ zu Beginn der Wande-

Keltenschanzen sind Zeugen einer langen Besiedelungsgeschichte.

rung untersuchen. Auch wenn es hier noch so verlockend zum Klettern aussieht, muss man sich im Klaren darüber sein, dass die Wände schnell abbröckeln können.

Pflanzenvielfalt rund ums Jahr

Nicht nur geologische Aspekte machen eine Wanderung durch dieses Tal vom Süden Deisenhofens bis hinunter zum Deininger (Gleißental-) Weiher zu jeder Jahreszeit reizvoll, auch aus landschaftlicher und botanischer Sicht ist dieser Weg ein Genuss. Die ökologische Entwicklung nach der Würmeiszeit verlief hier wie vielerorts in Mitteleuropa: Der am Ende der Sukzession entstandene typische Buchenmischwald fiel über Jahrhunderte hinweg Rodungen zum Opfer. Im vorletzten Jahrhundert wurde begonnen, mit Fichtenmonokultur aufzuforsten, doch seit wenigen Jahrzehnten kann sich die Biodiversität, d. h. die Vielfalt der Tier- und Pflanzenarten aufgrund von Natur- und Landschaftsschutzmaßnahmen allmählich wieder erholen. Zu Anfang der Wandersaison finden sich vor allem in den Lichtungen und auf den steilen

Wegverlauf

In Deisenhofen die Straße westlich der Bahngleise an der Sauerlacher Straße nach Süden bis Stefanienstraße – in diese rechts einbiegen; am Wendehammer mündet die Straße in einen Wanderweg – nach einigen Hundert Metern linker Hand geologisch interessanter Erdaufschluss – an der Gabelung danach links kurzer Anstieg bis zur Autostraße (St 2368) – gleich wieder rechts in den Wald abbiegen – nach etwa einem halben Kilometer rechts auf breiteren Forstweg – nach dem Wasserspeicherbecken rechts auf Talweg abbiegen – geradeaus zurück nach Deisenhofen.

Bei Deisenhofen

An diesem geologisch interessanten Erdaufschluss ist der Nagelfluh des Gleißentals deutlich zu erkennen.

Weitere Aktivitäten:
Baden im oder Umwandern des Deininger Weihers; größere Radtour über Land

Böschungen zahlreiche farbenprächtige Frühblüher und Wiesenkräuter. Im Sommer freut man sich bei einem Spaziergang über schattige Wege. Ganz besonders lohnenswert ist dieser Weg jedoch im Herbst, weil die heimischen Sträucher dann ihre leuchtenden, eindeutig wiederzuerkennenden Früchte tragen. Mithilfe des vereinfachten Bestimmungsschlüssels auf den Kinderseiten lassen sich einige häufig vorkommende Arten schnell unterscheiden.

Der Lebensraum Hecke

Diverse Sträucher sind das Grundgerüst des Lebensraumes Hecke. Heute versteht der Stadtbewohner und Parkbesucher darunter schnurgerade, ordentlich geschnittene Reihen von ein und derselben Strauch- oder Baumart. Häufig werden dafür immergrüne, fremdländische Gehölze genommen, um neugierige Blicke über den Gartenzaun zu verhindern. Diese Anpflanzungen sind hier aber nicht gemeint, auch wenn ihre Schutzfunktion seit Jahrhunderten genutzt wird, denn unser heutiges Wort Hecke stammt von dem althochdeutschen »hegga« ab und bedeutet einfrieden, beschützen. Vor allem dornige Gehölzarten wurden auf dem Land zwischen Feldern und um Höfe herum als natürliche Zäune und Umfriedung für Mensch und Tier gepflanzt. Diese Büsche wurden von den Bauern als Brennholz geschnitten, die Rinde zur Herstellung von Gerberlohe verwendet, aus biegsamen Zweigen wurden Körbe und Matten geflochten, aus Blättern und Blüten Tee zubereitet und die essbaren Früchte für den Verzehr verarbeitet. Abgesehen davon haben Hecken auch einen Nutzen für die Natur: Am Waldesrand entlang schirmen sie Wettereinflüsse ab und erhalten so das innere Waldklima, sie bremsen auf den Feldern den Wind und sie bewahren Böschungen vor Erdrutschen. Je bunter die Zusammensetzung, desto mehr Arten von Insekten, Amphibien, Reptilien, Vögeln und Kleinsäugetieren fühlen sich dort wohl und können mit den Pflanzen eine stabile Lebensgemeinschaft aufbauen. Auf kleinstem Raum entstehen in einem Gehölzstreifen unterschiedliche Standortfaktoren von sonnig-trocken bis feucht-schattig. Daher verwundert es nicht, wenn in heimischen Hecken bis zu 1000 verschiedene Tierarten Schutz, Brutplätze, Überwinterungsquartiere oder Nahrungsquellen finden können. Zum Beispiel dienen sie Eule, Neuntöter, Raubwürger und Bussard als Sitzplatz. Einige Schmetterlingsarten durchleben ihr Ei- und Raupenstadium getarnt im Geäst von Sträuchern. Haselmäuse, Zauneidechsen, Schnecken und Igel überwintern in der Hecke. Und schließlich wird Erdkröten, Feldhasen, Rebhühnern und Kleinräubern wie Hermelin und Rotfuchs hier Unterschlupf und Wanderhilfe gewährt. Junge Fuchsrüden und Fuchsfähen werden – wenn sie selbst reif für die Fortpflanzung sind – im Revier ihrer Eltern nicht mehr geduldet. Im Herbst machen sie sich deshalb häufig entlang eines Tals oder Bahndammes auf die Suche nach einer neuen Heimat, die über 100 Kilometer entfernt sein kann. Sie siedeln sich gerne in Städten mit Grünanlagen und Hausgärten an, wo sie zum Teil vom Menschen Nahrung erhalten und keine Feinde vorhanden sind. Im Schutz der Dämmerung und Dunkelheit gehen sie auf Jagd nach Mäusen, Wildgeflügel oder sogar kleinen Rehkitzen. Tagsüber sind die sympathi-

Im Herbst zeigen sich unsere heimischen Sträucher von ihrer schönsten Seite.

Bei Deisenhofen

Im letzten Jahrhundert wurde auch rund um Deisenhofen mit Fichtenmonokulturen aufgeforstet.

schen Pelztiere nur selten zu sehen. Begegnen sie dabei etwas lauteren Wanderern, zeigen sie in der Regel keine Scheu, denn der sprichwörtlich schlaue Fuchs hat durch die menschliche Gier nach seinem wertvollen Pelz vor allem eines gelernt: Ein Jäger ist dämmerungsaktiv und verhält sich still.

Einheimische Heckensträucher

Inzwischen weiß man, wie wichtig diese kleinen ökologischen Lebensräume sind, und es werden wieder zunehmend wilde Hecken aus einheimischen Sträuchern zum Beispiel an Spielplätzen oder entlang von Spazierwegen angepflanzt.

Ein häufig anzutreffender Vertreter ist die verlockend aussehende **Heckenkirsche**. Sie sollte aber nicht verspeist werden, denn die Beeren sind ungenießbar. Ihr volkstümliche Name »Teufelskirsche« deutet es schon an. Besonders auffällig an der Pflanze sind die jeweils am Grund miteinander verwachsenen zwei Beeren. Das harte und zähe Holz der Heckenkirsche wird gern für Drechslerarbeiten verwendet. Der **Gemeine Schneeball** und der **Liguster** sind ebenfalls nicht zum Verzehr geeignet. Ganz besonders giftig ist das **Pfaffenhütchen**. Die Zweige mit den leuchtend rosarot und orange gefärbten Früchten in Form eines fünfeckigen Hütchens werden gerne abgebrochen und als Herbstgruß ins Wohnzimmer gestellt. Bitte nicht nachmachen! Die Früchte sind so giftig, dass Kinder nach dem Genuss von einer kleinen Handvoll bereits sterben können!

Der **Schwarze Holunder** ist der Sage nach der Wohnsitz von Frau Holle. Wenn zur Zeit der Sommersonnenwende der Wind an den reichblütigen Dolden rüttelt und weiße Blütenblätter schneien lässt, dann schüttelt angeblich die Märchenfrau ihre Betten aus. Schon früh war der vielfältige Nutzen des Strauchs bekannt. Auf den Bauernhöfen wurde er deshalb zum »Hausbaum« erklärt, in dem der gute Hausgeist wohnte, der alles Unheil von Mensch und Tier fernhalten sollte. Aus Dankbarkeit und Respekt vor seiner Heilkraft war und ist es stets angebracht, beim Vorübergehen den Hut zu ziehen. Die Italiener schätzen diesen Baum so sehr, dass sie sogar eine Nudelsorte in Form von Holunderblüten herstellen, die »fiori di sambuci«. Im Frühsommer kann man aus den duftenden Blüten des Holunders eine erfrischende Hollerlimonade oder ein aromatisches Hollergelee zubereiten. Getrocknete Blüten sind als Fliedertee bekannt und wirken bei Erkältungskrankheiten schweißtreibend. Aus dem Saft der schwarzen Holunderbeeren lässt sich ein wohlschmeckender und vi-

Das Springkraut macht sich gerne breit und verdrängt dabei einheimische Pflanzen.

Bei Deisenhofen

Im schattigen Gleißental gibt es genügend Plätze zum ausdauernden Spielen.

taminreicher Hollersirup herstellen, der die Abwehrkräfte stärkt und bei leichtem Fieber Linderung verschaffen kann. Den Saft aber bitte immer erst abkochen, denn die rohen Beeren wirken abführend.

Sehr reich an Vitamin C und ebenso schmackhaft sind die schwarzblauen, weißlich bereiften Steinfrüchte der **Schlehe**. Hier sollte man darauf achten, dass sie bereits den ersten Frost erlebt haben, denn sonst bekommt man eine pelzige Zunge. Wer nicht so lange warten möchte, kann die Früchte ebenso gut für ein paar Stunden in die Gefriertruhe legen. Aus den Schlehenfrüchten lassen sich Saft und Marmelade herstellen, oder man setzt das Fruchtmus zu einem Schlehenlikör an. Der dornige Strauch blüht zeitig im Frühjahr mit zahlreichen kleinen weißen Blüten, die aufgrund ihres hohen Nektargehaltes eine beliebte Bienenweide sind. Das Holz der Schlehe ist

Der Fuchsbandwurm

Beim Genuss von Beeren oder Früchten aus dem Wald stellt sich immer wieder die Gewissensfrage: Wie groß ist das Risiko, dass ich mich mit dem Fuchsbandwurm infiziere?
Der Kleine Fuchsbandwurm ist ein Parasit, nur maximal fünf Millimeter lang und lebt im Dünndarm eines Wirtstieres. Als wichtigster Endwirt des Wurmes gilt der Fuchs. Er scheidet die mikroskopisch kleinen Wurmeier mit dem Kot aus, trägt sie aber auch in seinem Fell, mit dem er an Pflanzen, Sträuchern, Kräutern und Beeren vorüberstreift. Der Mensch kann die Bandwurmeier zufällig aufnehmen. Dies geschieht in der Regel über befallene Lebensmittel (z. B. Waldfrüchte, Fallobst) oder durch den Kontakt mit infizierten Tieren (z. B. toten Füchsen, Streicheln von befallenen Katzen und Hunden oder Kontakt mit deren Kot). Im Zwischenwirt Mensch oder Maus schlüpfen aus den Eiern die Larven des Wurms, auch Finnen genannt. Sie nisten sich in der Leber ein und zerstören diese allmählich. Meist ist eine derartige Infektion lebensgefährlich. Laut dem Bayerischen Landesamt für Gesundheit und Lebensmittelsicherheit ist aber zum Glück ein Befall des Menschen mit Bandwurmeiern sehr selten. Außerdem würden die meisten Eier vom Immunsystem abgewehrt, nur bei einer von zehn Infektionen bräche tatsächlich eine Krankheit aus. An das Robert-Koch-Institut in Berlin werden jährlich deutschlandweit zwischen 13 und 23 Neuinfektionen gemeldet. Verglichen mit der Anzahl von Menschen, die zum Beispiel durch Verkehrsunfälle sterben, stellt der Fuchsbandwurm also ein verhältnismäßig geringes Risiko dar.
Vorbeugend sollte man Waldfrüchte vor dem Verzehr jedoch immer sorgfältig waschen, wobei sich nicht alle, aber ein Großteil der Eier lösen. Auf der sicheren Seite ist, wer die Lebensmittel auf mindestens 60 °C erhitzt, also kocht, bäckt oder brät. Einfrieren oder in Alkohol einlegen tötet die Eier nicht ab! Kinder sollten im Wald keine Grashalme oder Beeren, die in Bodennähe wachsen, in den Mund nehmen und auf keinen Fall tote Tiere anfassen. In der Stadt ist ebenso ein hygienischer Umgang mit Hunden und Katzen, die im Freien jagen, wichtig, denn auch sie können Überträger sein. Nach jedem Streicheln gründlich die Hände waschen!

sehr hart, früher hat man daraus Spazierstöcke hergestellt. Im Schwabenland galt die Bauernregel, so viele Tage wie die Schlehe vor dem Georgstag (24. April) blüht, genauso viel Tage vor dem Jakobstag (25. Juli) beginnt die Ernte. Außerdem verhieß eine reiche Schlehenblüte eine gute Weinlese.
Extrakte aus den Blüten des **Weißdorns** dienen von alters her als wertvolles Herztonikum. Ebenso werden die Blätter und Früchte in der Medizin verwendet, sei es als Tee, in Form von Kompressen oder in Kombinationspräparaten. Die essbaren hagebuttenähnlichen Apfelfrüchte wurden in Notzeiten sogar zu Mehl- und Kaffeeersatz verarbeitet. Heute dient dieser Strauch, der baumhoch werden kann, wieder als beliebtes Vogelschutzgehölz, das sich am Wegesrand oder Gartenzaun sehr gut zurechtschneiden lässt.

Die Früchte des Weißdorns sehen zwar Hagebutten sehr ähnlich, sind aber etwas kleiner, weicher und haben einen langen Stiel.

Kids: Aufgepasst!

❀ Rezept für Hollerlimonade

Du brauchst: 1 Liter Wasser, 2 TL Zucker, 7 aufgeblühte Blütendolden vom Holunder (bitte nicht direkt neben viel befahrenen Straßen sammeln!), 2 Scheiben einer ungespritzten Zitrone

So geht's: Das Wasser füllst du in einen Topf und löst den Zucker darin unter Rühren auf. Dann legst du die Hollerblüten und Zitronenscheiben hinein, deckst den Topf mit einem Deckel ab und lässt das Ganze für mehrere Stunden oder über Nacht stehen. An hohen Trinkgläsern machst du einen Zuckerrand, indem du das Glas mit der Öffnung nach unten einen Finger breit zuerst in Wasser, anschließend in Zucker tauchst. Dann füllst du Eiswürfel und Scheiben von ungespritzten Zitronen in das Glas und gießt die Limonade durch ein Sieb hinein, fertig! Im Kühlschrank ist die selbst gemachte Limonade 1 bis 2 Tage haltbar.

❀ Tiere brauchen Pflanzen – Pflanzen brauchen Tiere

In einer Hecke brauchen sich Tiere und Pflanzen gegenseitig. Viele Vögel bauen ihre Nester in den Sträuchern, geschützt vor Wetter und Feinden. Außerdem sind Nistmaterial und Futter reichlich vorhanden. Manche Schmetterlingsarten leben ebenso von und in der Hecke: auf der Unterseite von Blättern können sie ihre Eier nahezu unentdeckt ablegen und die hungrigen Raupen haben sofort nach dem Schlüpfen saftige Blätter zu fressen, die Kokons können gut getarnt zwischen die Äste gehängt werden und im Sommer finden die erwachsenen Schmetterlinge in einer Hecke genügend Nektar in den Blüten. Aber auch für die Pflanzen ist es wichtig, dass sie von vielen Tieren besucht werden. Würden an Sonnentagen keine Insekten fliegen und beispielsweise den Blütenstaub von einer Schlehenblüte zur nächsten tragen, gäbe es im Herbst keine Schlehenfrüchte. Und wie ist es möglich, dass zum Beispiel die »Kinder« eines Holunders einige Hundert Meter von ihrer »Mutter« entfernt zu wachsen beginnen? Eine »Hollermutter« kann ja schließlich nicht laufen und die Samen, also ihre »Kinder«, in etwas Entfernung, wo sie genug Wasser, Nährstoffe und Licht finden können, einpflanzen? Nein, natürlich nicht, dazu braucht sie ein »Taxi«. In diesem Fall übernehmen Vögel diese Aufgabe, für die die Früchte zugleich sehr nahrhaft sind. Wenn nun eine Amsel eine Holunderbeere gefressen hat, trägt sie die darin enthaltenen Sa-

Ein Springfrosch ist zwischen Laub und Zweigen bestens getarnt.

men für eine Weile in ihrem Bauch mit sich herum. Die kleinen Kernchen werden nicht verdaut, sondern fallen mit dem nächsten Vogelklecks weit entfernt von der Mutterpflanze wieder auf die Erde. Und nun kann dort ein neuer Holunder wachsen.
Findest du noch andere Beispiele für die Abhängigkeit Tier/Pflanze?

🌸 Bastelidee: Herbstfänger

Bastle dir unterwegs einen Herbstfänger für zu Hause! Dazu brauchst du vier gleich lange Stöcke, die du mit Paketschnur zu einem Rechteck zusammenbindest. Innerhalb des Rahmens spannst du viele Fäden, sodass ein Geflecht entsteht, in das du nun deine herbstlichen Fundsachen wie Zweiglein, Blätter, Halme oder Früchte einstecken kannst. Noch eine Schnur zum Aufhängen, fertig!

🌸 Experiment: Sträucher selbst bestimmen

Kannst du schon die wichtigsten einheimischen Sträucher und ihre Früchte erkennen? Versuche einmal selbst einen Bestimmungsschlüssel anzuwenden, wie ein richtiger Botaniker! Es ist ganz einfach: Schau dir die Pflanze mit ihren Blättern und Früchten genau an, dann kannst du die Fragen leicht beantworten. Sie führen dich zum Namen deines Strauches!

1. Früchte zumindest teilweise rot oder rosa. Weiter mit Frage 3, 4, 5
2. Früchte dunkelblau oder schwarz. Weiter mit Frage 8, 9
3. Zahlreiche Früchte an einem gemeinsamen Fruchtstandstiel, Blätter ahornähnlich. **Gemeiner Schneeball**

4. Jeweils zwei Früchte, die an der Basis miteinander verwachsen sind. **Heckenkirsche**
5. Einzelne Früchte. Weiter mit Frage 6, 7

6. Früchte vier- bis fünfkantig, rosa, bei Reife orangefarbiger Same sichtbar, Blätter länglich. **Pfaffenhütchen**
7. Früchte ähnlich wie Hagebutten, Blätter im Umriss nahezu dreieckig, tief gelappt, an den Zweigen mit Dornen. **Weißdorn**

8. Früchte einzeln, mit Steinkern, Strauch mit verholzten Dornen. **Schlehe**
9. Zahlreiche Früchte in schirmchenförmigem Fruchtstand. Weiter mit Fragen 10, 11

Kids: Aufgepasst!

10. Blätter zusammengesetzt aus 3 bis 7 Fiederblättern. **Schwarzer Holunder**
11. Blätter oval, zugespitzt, glatte Oberfläche. **Liguster**

Sieh dir nun die Fotos dazu an. Bist du zum gleichen Namen gekommen?

Gemeiner Schneeball:

Heckenkirsche:

Pfaffenhütchen:

Kids: Aufgepasst!

Weißdorn:

Liguster:

Schlehe:

Schwarzer Holunder:

5 Auf Klettertour im »Ur«-Wald

Die Angerlohe als ehemaliger Rohstofflieferant

Ein riesiges Netz aus abenteuerlichen Pfaden durchzieht die »urige« Angerlohe. Mehrstämmige Bäume mit kleinen Höhlen oder umgefallenes Holz laden zum Klettern, Balancieren und Tipi bauen ohne Ende ein. Ob farbenprächtige Frühjahrsblüher, ein schattiges Picknick im Sommer oder herbstliche Laubbäume, zu jeder Jahreszeit gibt es genügend Entdeckungen.

- **Strecke:** Rundweg von/bis Bushaltestelle über Biotop ca. 3 km
- **Gehzeit:** ca. 1 Std.
- **Tourencharakter:** entdeckungsreicher Ausflug in einen naturbelassenen Laubwald mit zahlreichen Klettermöglichkeiten über umgestürzte Bäume oder Wurzeln; am Biotop gute Amphibienbeobachtung möglich
- **Kinderwagen-/fahrradgeeignet:** bedingt/nein
- **Ausgangs-/Endpunkt:** Bushaltestelle Gruithuisenstraße in Untermenzing bzw. Parkplätze an der Angerlohe
- **Anreise:**
Öffentliche Verkehrsmittel: Mit der S 1 bis Moosach und weiter mit Buslinie 162 bis Haltestelle Gruithuisenstraße. **Auto:** Auf der Allacher Straße/Von-Kahr-Straße bis Untermenzing und weiter nördlich zur Angerlohe
- **Parkmöglichkeit:** südlich und westlich der Angerlohe im Wohngebiet
- **Einkehr:** Gaststätten in Untermenzing oder Moosach

Wie der Wald im Münchner Nordwesten entstand

Während der Eiszeit schoben die Gletscher massenweise Geröll vor sich her und lagerten es an ihren Zungenspitzen ab. Am Ende eines derartigen, riesigen Gebirgsflusses entstand in der Region des heutigen Münchens eine Schotterebene. In den tiefer gelegenen Furchen sammelten sich ablaufendes Wasser und Windverwehungen aus der Umgebung wie Blätter und Erde. Allmählich verwandelten sich diese Ablagerungen in eine nährstoffreiche Humusschicht, die sich aufgrund der geologischen Verhältnisse bandartig durch die Landschaft zog. Der neue fruchtbare Standort wurde zunächst von einjährigen Pionierpflanzen erobert. Sie wiederum bereiteten den Boden für Sträucher und Bäume vor. Die natürliche Abfolge der Pflanzenarten endete typischerweise mit dem Laubwald aus Buchen und Eichen.

Zarte Buschwindröschen zeigen sich im zeitigen Frühjahr.

In der Angerlohe

Hellgelbe Schlüsselblumen erinnern an den güldenen Schlüsselbund vom Hl. Petrus.

Als unsere Stadt gegründet wurde, war sie im Nordwesten bereits von einem zusammenhängenden Waldgürtel umgeben.

Die Gerber und der Lohwald

Hieraus versorgten sich die Einwohner jahrhundertelang mit Bau- und Brennholz. Um bequemer arbeiten zu können, hielt man die Bäume klein und schlug den Neuaustrieb bereits nach wenigen Jahren wieder ab. Niederwald wird diese Wirtschaftsform genannt. Außerdem benötigte man früher noch große Mengen an gerbstoffhaltiger Rinde, die vor allem die **Eiche** lieferte. Daraus stellte man Gerberlohe her, eine übel riechende Flüssigkeit, mit der Leder weich und haltbar gemacht wurde. Wegen des Gestanks durften sich im Mittelalter die Gerber nur am Rande einer Stadt ansiedeln, wo sie zudem ausreichend Holz und Wasser für ihre Arbeit finden konnten. Der Gerber-

> **Wegverlauf**
>
> Von der Bushaltestelle aus einen der Pfade in den Wald hinein nehmen – in Richtung Norden halten (guter Orientierungssinn nötig, keine Wegweiser, viele Pfade!) – an der nordöstlichen Ecke des Waldes eine kleine Straße überqueren zum Biotop – Rückweg durch den Wald.

In der Angerlohe

Der lila oder weiße Lerchensporn fühlt sich im Schutz von Büschen wohl.

»Lohwald« im Münchner Norden war dafür wie geschaffen. Von hier aus belieferten diese Handwerker die Stadtbewohner mit Sätteln, Decken, Schuhen und Hosen. Im Laufe der Zeit wuchs die Bevölkerung, die Stadt dehnte sich aus und der Wohnungs-, Platz- und Holzbedarf stieg rasant an. Es ist daher nicht verwunderlich, dass von diesem ehemaligen Waldgürtel heute nur noch einzelne Reste erhalten sind (u. a. die Aubinger Lohe und die Allacher Lohe). Die Angerlohe stellt dabei mit ihren 40 Hektar Fläche einen bedeutenden Bestand dieses »Ur«-Waldes dar und bietet zahlreichen Pflanzen und Tieren einen einzigartigen, rar gewordenen Lebensraum.

Ein typischer Laubwald

Ein Laubwald ist ein komplexes System bestehend aus einer Baum-, einer Strauch- und einer Krautschicht. Die bodennahen Gewächse

In der Angerlohe

Lila Leberblümchen durchbrechen die Laubdecke vom Vorjahr.

haben nur im Frühjahr vor dem Laubaustrieb genügend Sonne zum Wachsen, denn die massenhaften Blätter der Sträucher und Bäume lassen im Sommer wenig Licht durchdringen. Deshalb ist ein typischer Laubwald kurz nach der Schneeschmelze besonders farbenreich und sehenswert. Der leuchtend gelbe **Winterling** und das strahlend weiße **Buschwindröschen** verkünden das Ende der kalten Jahreszeit. Beide gehören zur Familie der Hahnenfußgewächse und sind wie alle ihre Verwandten aufgrund von Alkaloiden giftig! Bauchige **Märzenbecher** und schmale **Schneeglöckchen** läuten den Frühling ein, zartgelbe **Schlüsselblumen** versinnbildlichen die ersten wärmenden Sonnenstrahlen. Der zartlila oder weiße **Lerchensporn** bietet den ersten Blütenbesuchern in seinem hohlen Sporn eine Portion süßen Nektar. **Leberblümchen**, die übrigens wegen der leberähnlichen Form ihrer Blätter so heißen, verzaubern den Waldboden in einen lila Blütenteppich. Mit etwas Glück können in der Angerlohe im Spätfrühling oder Sommer auch ganz besonders selten gewordene Exemplare des Weißen **Waldvögeleins** oder der **Türkenbundlilie** gefunden werden (Achtung Naturschutz: Bitte auf keinen Fall für die Vase oder den Garten daheim mitnehmen!).

Weitere Aktivitäten:
Spielplatz am Waldrand, hinter der Kirche Maria Trost

Auf Totholz lassen sich Fraßgänge von Käferlarven entdecken.

Eiche und Hainbuche: zwei Niederwald-Vertreter

Aufgrund der historischen Nutzung wurde die ursprünglich in Mitteleuropa dominierende Buche bis auf wenige Exemplare verdrängt und durch Licht liebende Gehölze wie Eiche, Hainbuche, Birke und Hasel ersetzt. Die **Eichen** sind mit ihrem knorrigen Wuchs, den gebuchteten Blättern und ihren charakteristischen Früchten auch für Kinder leicht zu erkennen. Eicheln wurden in Notzeiten geröstet und anstelle von Mehl verwendet. Als koffeinfreier Kaffeeersatz feiern sie heute wieder ein Comeback in der Naturkost. Bei den Wild- und Hausschweinen sind sie ebenfalls sehr beliebt. Masttiere (z. B. vom Schloss Nymphenburg) mussten nicht erst mit Aufwand gefüttert werden, sondern man schickte sie einfach in den sogenannten Hudewald, wo sie sich satt fressen konnten. Ein ausschließlich mit Eicheln gemästetes Schwein gilt immer noch als besondere Delikatesse. Die Eiche bietet insgesamt 300 verschiedenen Tierarten Lebensraum und Nahrung! Für einen Niederwald ebenfalls charakteristisch ist die **Hainbuche**, die nach einem Schnitt sofort wieder kräftig neu austreibt. Die Blattadern liegen sehr tief, sodass die Blätter wie gefaltet aussehen. Heutzutage findet man sie häufig in Gärten als gut beschneid- und formbare Hecke.

Die Angerlohe

In der Angerlohe bleibt der Wald weitestgehend naturbelassen. Fallen tote Bäume um, bleiben sie einfach liegen und dürfen ganz allmählich von abbauenden Organismen wie Insekten, Bakterien und Pilzen in den unterschiedlichsten Formen zerlegt werden. Käferlarven hinterlassen ihre Fraßspuren im Bast oder Splintholz, man kann ihre Muster gut an am Boden liegenden Ästen untersuchen. Nach Futter suchende Grün- und Buntspechte findet man meist schnell wegen ihrer typischen Trommelgeräusche in den Baumwipfeln. An einem Tag klopfen diese Insektenfresser bis zu 12 000 Mal an Baumstämme, jeweils mit einer Geschwindigkeit von etwa 25 km/h! Dass dabei keine Gehirnerschütterungen oder zumindest Kopfschmerzen entstehen, gehört zu den großen, inzwischen geklärten Wundern der Natur: Das Vogelgehirn liegt verhältnismäßig fest im Schädel, damit es nicht herumgeschleudert werden kann. Zusätzlich ist die Halsmuskulatur besonders stark. Sie ist wichtig für eine gerade Kopf-Nacken-Haltung und wird jeweils kurz vor dem Aufprall besonders angespannt. Zum Schutz vor spitzen Spänen verschließt der Specht eine Millisekunde vor dem Berühren des Holzes die Lider, nach dem Motto: »Augen zu – und durch!«

Bei jedem Wetter bietet die Angerlohe Kletterspaß.

Kids: Aufgepasst!

Es brennt »lichterloh«

Wenn jemand sagt, »etwas brennt lichterloh«, dann benutzt er eine sehr alte Redewendung. Um Leder herzustellen, weichen die Gerber die enthaarten Tierhäute in einer Flüssigkeit ein, die Lohe genannt wird. In diesem Bad wird die Haut weich und haltbar gemacht. Gerberlohe bereitete man früher aus gerbstoffreicher Baumrinde, z. B. von Eichen, zu. Dazu wurden die Bäume geschält und die noch an den Ästen hängende Rinde getrocknet. Das ging schneller, indem die Gerber im Wald ein kontrolliertes Feuer entfachten und den Baum »lichterloh« abbrannten.

Quizfrage 1

Kannst du dir vorstellen, welche Handwerker außer den Gerbern früher noch vom Wald und seinen Bäumen gelebt haben?

Quizfrage 2

Wie viele Baumstämme benötigte man für den Bau der Münchner Frauenkirche?

Eiche und Mistel – ein ganz besonderes Paar

Ein Baum wächst und lebt nicht nur für sich allein, sondern er bildet immer Lebensgemeinschaften mit anderen Pflanzen und Tieren um ihn herum. Ein Verhältnis ganz besonderer Art gibt es zwischen Eichen und Misteln. Sicherlich hast du schon einmal die vor allem im Herbst gut sichtbaren grünen »Kugeln« auf Laubbäumen beobachtet. Das sind sogenannte Aufsitzerpflanzen, die auf anderen obendrauf sitzen und wachsen. Im Falle der Mistel handelt es sich sogar um einen Halbschmarotzer. Sie hat selbst grüne Blätter, macht damit Fotosynthese und produziert ihren eigenen Zucker. Die Frage ist nur, wie bekommt sie ihr lebensnotwendiges Wasser, so weit da oben? Wenn ein Vogel-Taxi eine Mistelbeere zu einem neuen Ast bringt, beginnt der Same dort zu keimen und treibt als Erstes seine kleine Wurzel in die Wasserleitungsgefäße seines Wirtsbaumes, er schmarotzt. Erst wenn er genügend mit Nährflüssigkeit versorgt ist, beginnt der Spross nach oben zu wachsen und zu ergrünen. Später wird er Blüten und Früchte haben, die wiederum durch Vögel weiterverbreitet werden.

Die zauberkräftige Mistel betreibt selbst Fotosynthese, zapft aber die Wasserleitungsbahnen ihres Wirtsbaumes an.

Kids: Aufgepasst!

❀ Eine magische Pflanze

Eine Mistel berührt ihr Leben lang nie die Erde. Das war der Grund, warum man früher glaubte, diese Pflanzen müssten etwas mit den himmlischen Göttern zu tun haben, die ebenfalls nie ihren Fuß auf die Erde setzen. Man sagte der Mistel eine göttliche, magische Kraft nach und verwendete sie als Zauberpflanze. Der bekannteste Magier, der sich mit dem Kult von Misteln und dem Zubereiten von Zaubertränken auskannte, dürfte wohl Miraculix aus Asterix und Obelix sein. Sein Vorbild waren die sogenannten Druiden, so etwas Ähnliches wie Priester vom Volk der Kelten im Norden Europas. In der 6. Nacht nach einem Winterneumond kletterten sie in einem weißen Gewand auf die Eichen und schnitten mit einer goldenen Sichel die Zweige der Mistel. Dabei achteten sie sehr sorgfältig darauf, dass die Pflanzen den Boden nicht berührten, und trugen sie in ihrem Umhang. Vermischt mit Ochsenblut und anderen Zutaten entstand daraus ein bewährtes, stark machendes Heilmittel. Übrigens wird auch heute ein Auszug aus der Mistel mit Erfolg in der Medizin eingesetzt!

Am Biotop lassen sich Amphibien und andere Wassertiere bequem beobachten.

Kids: Aufgepasst!

❀ Die Eichengallwespe

Die Eiche wird noch von einem anderen Parasiten befallen: der Eichengallwespe. Dieses nur wenige Millimeter große Insekt sticht mit seinem Legestachel in die Nerven auf der Eichenblattunterseite und legt dort seine Eier ab. Daraufhin beginnt die Stelle zu wuchern und wächst zu einem sogenannten Gallapfel. In dessen Innerem entwickeln sich – geschützt und zugleich mit pflanzlicher Nahrung versorgt – die Eier zu neuen Wespen. Aus derartigen Gallen kann nach einem speziellen Rezept Tinte hergestellt werden!

❀ Quizfrage 3

Eines Tages geschah dem hl. Petrus, dem Wächter der Himmelspforte, ein Missgeschick: Er ließ seinen goldenen Schlüsselbund auf eine Wiese fallen! Die Erde freute sich so sehr über den himmlischen Besuch, dass gleich ein zartgelbes Blümchen zu sprießen begann. Die glockigen Blüten entspringen alle gleichermaßen am Ende des Stängels, ähnlich wie die Schlüssel an einem Bund. Wie heißt die Pflanze wohl?

❀ Experiment: Waldkindergarten

Möchtest du gerne einen eigenen »Waldkindergarten« haben? Dann sammle auf einem herbstlichen Spaziergang Eicheln, Bucheckern

Einen eigenen Waldkindergarten kann sich jeder aus gesammelten Früchten heranziehen.

Kids: Aufgepasst!

oder Kastanien und pflanze sie in Blumentöpfe mit Gartenerde. Schon ab dem nächsten Frühjahr kannst du bei guter Pflege sogar für viele Jahre deine Sprösslinge beim Wachsen beobachten!

❀ Spielidee: Barfußpfad

Sortiere deine Fundstücke nach Stöckchen, Blätter, Rinde, Steinchen und was du sonst noch gefunden hast. Lege sie nebeneinander in eine Reihe wie zu einem Pfad. Jetzt nur noch die Schuhe ausziehen und mit geschlossenen Augen drüberlaufen! Kannst du mit deinen Fußsohlen erspüren, auf was du gerade stehst?

Barfuss fühlt sich alles anders an.

Kids: Aufgepasst!

✿ Experiment: Laubblätter bestimmen

Suche möglichst viele verschiedene Laubblätter. Auf den Fotos siehst du die Blätter der am häufigsten zu finden Bäume in der Angerlohe. Kannst du die Namen der von dir gefundenen Bäume bestimmen

Linde:

Eiche:

Hainbuche:

Ahorn:

Kastanie:

Buche:

Antworten auf die Quizfragen:

Frage 1: Drechsler, Korbflechter, Besenbinder, Werkzeugmacher, Bäcker, Metzger, Schäffler, Schmied

Frage 2: Über 2000!

Frage 3: Schlüsselblume oder auch Himmelsschlüsselchen.

Die Angerlohe ist ein hervorragendes Ausflugsziel für die ganze Familie.

Kraftvoll und ständig in Bewegung

Die Dynamik von Fließgewässern

Fließende Gewässer: immer im Wandel

Von der Quelle bis zur Mündung verändert ein Fluss laufend sein Aussehen und Verhalten und beeinflusst mit seiner Dynamik auch die mit ihm vernetzten Lebensgemeinschaften im angrenzenden Uferbereich. Drei große Abschnitte lassen sich bei den meisten Flüssen in Mitteleuropa unterscheiden: der Quellbereich, der Schotter- und der Niederungsfluss.

Die Quelle liegt häufig in einer Bergregion. Kleine Rinnsale, gespeist aus Schmelzwassern und Regengüssen, fließen zu einem sauerstoffreichen, eisig kalten Gebirgsbach mit hoher Strömungsgeschwindigkeit zusammen. Das Wasser hat so viel Kraft, dass es Geröll transportieren und zu runden Handschmeichlern schleifen kann. In den weniger

Kiesbänke und ihre Fundstücke laden zum Spielen ein.

steilen Tallandschaften verlangsamt sich der Fluss und lagert die Kiesel auf Schotterbänken ab. Regelmäßige Hochwasser wälzen die Steine immer wieder um und lassen keine Beständigkeit einkehren. Im Flachland nimmt die Fließgeschwindigkeit weiter ab und die Wassertemperatur steigt teilweise auf »bacherlwarm«. Mitgeführte feine Sedimente setzen sich nur allmählich ab, Schwebstoffe lassen das Wasser trüb erscheinen und bieten zahlreichen Wasserorganismen eine Lebensgrundlage. Auch in dem angrenzenden Auengelände sorgen sie vor allem im Frühjahr durch Überschwemmungen für einen hohen Nährstoffgehalt. Flussauen gehören deshalb zu den produktivsten Lebensräumen Mitteleuropas. Zusätzlich ist das gesamte System klimatischen oder geologischen Veränderungen ausgesetzt. Die Menge an Niederschlägen und Zuflüssen entscheidet über das mitgeführte Wasservolumen. Der Untergrund, in den sich das Flussbett gegraben hat, bestimmt durch Tiefe, Breite, Gefälle und Beschaffenheit die Strömungsgeschwindigkeit. Wo das Wasser stärker fließt, wird Sediment abgetragen, das sich an ruhigeren Stellen, z. B. Innenseiten von Kurven, wieder ablagert. Ein Fließgewässer verändert seinen Verlauf immer wieder und formt so über Jahre hinweg die Aue.

Sich ständig umwälzender Schotter wird nur von extrem anpassungsfähigen Pionieren besiedelt.

Die Dynamik von Fließgewässern

Durch Stauwehre greift der Mensch massiv in die natürliche Dynamik von Fließgewässern ein.

Stauwehre und Abwässer stören das Gleichgewicht

Für Kraftwerke wird zur Energiegewinnung das Wasser an Stauwehren umgeleitet – vielerorts mit naturschädigenden Konsequenzen. An den Mauern und Gittern können wandernde Tierarten nicht mehr flussaufwärts steigen. In ein Betonbett gebannt und durch Dämme abgesichert, wird die Wassermenge ständig kontrolliert und darf heute keine Auen mehr überschwemmen. Entweder gräbt der Fluss sich deshalb sein Bett kraftvoll tiefer in das Sediment mit der Folge, dass der umliegende Grundwasserspiegel sinkt, oder Kiesbänke werden wegen Wassermangels nicht mehr umgewälzt und angrenzende Feuchtwiesen trocknen aus. Dabei wären naturbelassene Auen ein wichtiger Rückhalteraum für Hochwasser. In viele Flüsse werden außerdem schon seit Langem Abwässer eingeleitet, nicht ohne nachteilige Wirkung: Der Gehalt an Sauerstoff ist bei Flüssen im Vergleich zu stehenden Gewässern relativ gleichbleibend, da das Wasser nicht tief, die Fließbewegung relativ konstant und die der Luft ausgesetzte Oberfläche verhältnismäßig groß ist. Aus diesem Grund sind Tiere, die an den Lebensraum Fluss angepasst sind, wenig tolerant gegenüber Schwankungen im Sauerstoffgehalt. Durch organische Verunreinigungen aus Landwirtschaft und Industrie wird jedoch der Sauerstoffvorrat schnell reduziert. So werden die Lebensgemeinschaften in Flüssen und Bächen rasch und unmittelbar zu Opfern von verschmutzten Abwässern.

Münchens Flüsse: Isar und Amper
Münchens Herz wird von einer grünen Ader, der Isar, durchzogen, im Nordwesten der Stadt fließt die Amper. Beide Flüsse sind bestens geeignet, um uns durch die Macht ihres Wassers, ihre lebensspendende Kraft und durch die mit ihnen verbundenen, faszinierenden Lebenswelten in ihren Bann zu ziehen.

Werden Altwasserarme nicht mehr regelmäßig überschwemmt, verändern sich die ökologischen Verhältnisse stark.

6 Kiesel, Sand und Orchideen

Schotterbänke in der Pupplinger Au

- **Strecke:** Rundweg von/bis S-Bhf. Wolfratshausen ca. 6 km
- **Gehzeit:** ca. 2 Std.
- **Tourencharakter:** Weg durch den Wald zum Teil auf schmalen, einsamen Pfaden; Strecke von Wolfratshausen bis zum Klärwerk ca. 1,5 km auf geteerten Straßen
- **Kinderwagen-/fahrradgeeignet:** ja/nein
- **Ausgangs-/Endpunkt:** S-Bhf. Wolfratshausen oder Bushaltestelle Puppling
- **Anreise:** **Öffentliche Verkehrsmittel:** Mit der S 7 bis Wolfratshausen und weiter mit Buslinie 377 bis Haltestelle Puppling. **Auto:** Auf der B 11 bis Wolfratshausen, weiter auf der St 2070 Richtung Egling bis zur Isarbrücke
- **Parkmöglichkeit:** nordöstlich der Isarbrücke an der St 2070 Wolfratshausen–Egling
- **Einkehr:** Gasthaus Aujäger in Puppling; diverse Gaststätten in Wolfratshausen

Wasser, Sand und Steine lieben alle Kinder. Es macht einfach Spaß zu entdecken, welches Leben sich dahinter, darunter oder dazwischen verbirgt. Wer keinen lauffreudigen Nachwuchs hat, findet schon nach kurzer Gehzeit vom Parkplatz aus ein ruhiges Plätzchen zum Verweilen am Isarstrand.

Die Isar: ein gezähmter Fluss

Sie ist nicht einmal eine waschechte Bayerin, unsere Isar. Ihr Quellgebiet liegt im österreichischen Karwendel und erst kurz nach Scharnitz überschreitet der brausende Wildbach die Landesgrenze. Einige sagen, der Name würde so viel wie »die Rauschende« bedeuten, andere führen ihn auf das keltische »ys« zurück, eine Bezeichnung für das Vertikale, also hoch oder tief. In eindeutig messbaren Zahlen ausgedrückt legt die grüne Isar bis zum Zusammenfluss mit der blauen Donau eine Strecke von 295 Kilometern und ein Gefälle von 848 Metern zurück. Der oben in den Bergen liegende, kraftvolle Strom war einst der einzige Weg, um Baumstämme ins Tal zu befördern. Heute wird ihm bereits in Scharnitz, wo er in ein von eiszeitlichen Gletschern ausgewaschenes Tal fließt, ein Korsett angelegt. Der Uferbereich im Ort ist mit Steinblöcken befestigt, um ein Zusammenleben der Bevölkerung mit der unberechenbaren Naturgewalt zu ermöglichen. Immer wieder wird der weitere Verlauf vom Menschen auf verschiedene Weisen beeinflusst: Isarwasser wird dem Walchenseekraftwerk zugeführt, im Sylvensteinspeicher wird der Fluss aufgestaut, für mehrere Kraftwerke wird seine Energie in Kanäle umgelenkt und durch Turbinen geleitet, für einige Klärwerke dient er zur Entwässerung. Aus dem einst wildromantischen und brausenden Urstrom wurde ein gezähmtes, in seinem Charakter stark verändertes Gewässer.

Weitere Aktivitäten: Von der Brücke aus kann man privat mit dem Kanu starten; ab dem Aujäger an der Isar entlang Richtung Norden bekannte Inliner-Strecke

Floss- und Bootfahrten gibt es heute auf der Isar nur noch zur Gaudi.

In der Pupplinger Au

Mit seiner gewaltigen Kraft schiebt das Wasser Steine von den Bergen bis zu uns ins Voralpenland.

Seit einigen Jahren weiß man, dass nicht alles richtig war, was entlang des Wildflusses gemacht wurde. Heute wird viel Geld dafür ausgegeben, um Betonverfestigungen wieder zu entfernen, unterhalb von Stauwehren Geröll zuzuschütten und auf Kiesbänken samenreiches Heidemähgut auszubringen. Münchens grüne Ader soll wenigstens stellenweise wieder frei pulsieren dürfen.

Kiesbänke – ein eigener Lebensraum

Der Lebensraum der sich ständig verändernden Kiesbänke mit neuen Schotteraufschüttungen kann vereinzelt in der Pupplinger Au beobachtet werden. In diesem überaus wertvollen Naturschutzgebiet achten sogar Ranger darauf, dass die Wünsche der Stadtbewohner nach Erholung und Freizeitsport mit den Bedürfnissen der Natur nach Ruhe und Schutz vereint werden. Am Flussbett auf trockenen Steinen lässt sich wunderbar ein Sonnenbad mit Abkühlung zwischendurch genießen, und bei einem Streifzug findet man auf, unter und

Auf den trockenen Kiesbänken, die nicht mehr umgewälzt werden, konnte sich ein lichter Kiefernwald entwickeln.

Enzianarten gehören zu den alpinen Zuwanderern.

zwischen den Steinen allerlei Getier. In manchen Buchten ist es sandig und lädt zum Baden ein wie bei einem Urlaub am Meeresstrand. Auf der Landzunge, die sich zwischen dem Zusammenfluss von Loisach und Isar erstreckt, können die verschiedenen Entwicklungsstufen kiesiger Böden auf gemütlichen Wegen erwandert werden. Wundern Sie sich nicht, wenn Sie dort Kühe antreffen. Die Flächen werden vereinzelt wieder beweidet, denn idealerweise sollte der Boden für die dort vorherrschenden Pflanzengesellschaften aus Kiefern, Schneeheide und Orchideen offen bleiben.

Auf der feuchten Unterseite der Steine findet man, je nach Wasserqualität, Larven von Eintags- oder Köcherfliegen.

Von einjährigen Pionieren bis zu Orchideen

Frisch umgewälzter Schotter wird zunächst von botanischen Überlebenskünstlern besiedelt. Spaziert man direkt auf den Steinen an der Isar, findet man dazwischen diese meist einjährigen Pionierpflanzen, die kaum Ansprüche an den Boden stellen. Eine wichtige Rolle spielen dabei Einwanderer alpiner Geröll- und Schutthänge, wie **Enzianarten** oder die **Kugelblume**. Sie werden mit den Vögeln oder vom Wind entlang des Ufers verbreitet und finden auf den Bänken gleiche ökologische Bedingungen vor wie im alpinen Bereich. Bleibt der Standort für einen Zeitraum von einigen Jahren stabil, siedeln sich bald sehr regenerationsfähige **Weiden** an. Dieses Gestrüpp trotzt den Überschwemmungen und treibt unermüdlich immer wieder neu aus. Da die verschiedenen Weidenarten sich schnell kreuzen, sind sie nicht so einfach auseinanderzuhalten. In der Regel ist aber die Oberseite der je nach Art mal schmal-länglichen, mal breit-derben Blätter dunkler als die silbrige, leicht behaarte Unterseite und ältere Stämme sind mit tiefen Rissen versehen. Auf den männlichen Bäumen entstehen im zeitigen Frühjahr die weichen (Palm-)Kätzchen, indem zahlreiche winzige Blüten sich zu einem Büschelchen vereinen. Sie sind vor allem reich an Pollen und werden deshalb gerne von den Bienen angeflogen. Um sie zu schützen, sollten sie nicht nur zur Osterzeit ausschließlich in der Natur bestaunt werden. Alle diese Böschungen und Kiesaufschüttungen dürfen nur auf Wegen betreten werden, denn sie sind ein wertvolles Rückzugsgebiet für brütende Vögel.

Moderne Landart: ein Herzchen aus Kiefernzapfen und was man sonst noch so alles findet.

In der Pupplinger Au

> **Wegverlauf**
>
> In Wolfratshausen westlich der Bahngleise in Richtung Norden auf der Straße Am Floßkanal – durch die Unterführung und weiter auf dem Mühlpointweg bis zur nächsten großen Kreuzung – die Weidacher Hauptstraße überqueren – rechts in die Isarspitzstraße einbiegen – am Klärwerk vorbei in den Wald (im Wald viele Pfade, keine Wegweiser, daher guter Orientierungssinn nötig) – Rundweg durch Waldstück mit Abstechern zur Isar – Rückweg ab Klärwerk wie Hinweg.

Werden die bereits bewachsenen Schotterbänke überhaupt nicht mehr umgewälzt, dringen Kiefern und Wacholder in das Gebiet ein. **Kiefern** erkennt man an ihrer rötlichen, wabenförmig aufbrechenden Borke. Am Boden liegen die fingerlangen Nadeln, die an der Basis zu mehreren verwachsen sind. Zwischendurch findet man auch einen schönen Zapfen, der an den Italienurlaub erinnert. Dort wächst an den sandigen Stranddünen ebenfalls eine Kiefernart, die Pinie, de-

Bis die Wacholderbeeren reif für den Gewürzschrank sind brauchen sie drei Jahre.

ren Kerne Gebäck oder Pesto einen typischen Geschmack verleihen. Der immergrüne **Wacholder** ist ein verzweigter Strauch mit kurzen, spitzen Nadeln. Seine winzigen Zapfen werden fleischig, daher heißen sie fälschlicherweise auch Beeren. Bis man sie zum Würzen z. B. von Sauerkraut verwenden kann, müssen sie drei Jahre lang am Strauch reifen! Als Bodendecker findet man **Schneeheide**, auch Erika genannt, einen bis 30 Zentimeter hohen, an der Basis holzigen Zwergstrauch. Am schönsten blüht sie bereits Ende des Winters mit zahlreichen kleinen, zartrosa gefärbten, glockigen Blüten. Sie gehört ebenfalls zu den ersten Bienenweiden im Jahr. Auch Orchideenfreunde können sich in diesem Lebensraum schon vom Wegesrand aus satt sehen und fotografieren, unter anderem sind stattliche Exemplare der Rotbraunen **Sumpfwurz** und der Wohlriechenden **Händelwurz** zu bestaunen. Wer **Frauenschuh** finden möchte, nimmt am besten einen ortskundigen Führer mit.

Die zarte Schneeheide ist ein typischer Vertreter der Vegetation in der Pupplinger Au.

Kids: Aufgepasst!

Flöße waren vor der Erfindung der Eisenbahn das wichtigste Transportmittel der Region.

🌸 Flöße – Transportmittel zu Wasser

Die Isar war – bevor es Eisenbahn und Autos gab – ein wichtiger Verkehrsweg. Auf zahlreichen Flößen wurden verschiedenste Waren aus den Alpen über Isar und Donau sogar bis nach Wien transportiert. Um ein Flößer zu werden, musste man sehr mutig und stark sein. Wer gegen die Flößerordnung verstieß und die Fracht stahl, beschädigte oder gar in der Isar versenkte, wurde hart bestraft. Ab 1300 wuchs die Stadt München enorm an und hatte einen großen Bedarf an Holz und anderen Baumaterialien. Um 1474 waren allein für den Dachstuhl der Münchner Frauenkirche 147 Flöße voller Baumstämme nötig. In Bad Tölz wurde Kalk gebrannt, den man zum Bauen von Steinhäusern verwendete. Auch Südtiroler Wein, Olivenöl und Käse wurden in die Städte flussabwärts befördert. Der Höhepunkt der Flößerei dürfte Ende des 19. Jahrhunderts gewesen sein, damals legten in München jährlich über 8000 Flöße an. Heute gibt es zwischen Wolfratshausen und der Zentrallände in Thalkirchen nur noch Floßfahrten zur Gaudi.

🌸 Experiment: Fliegenlarven entdecken

Wenn ihr die Steine aus der Isar im kiesigen Uferbereich herausnehmt und umdreht, werdet ihr immer wieder etwas Unscheinbares über die Oberfläche huschen sehen. Beim genaueren Betrachten könnt ihr ein einen Zentimeter langes Lebewesen mit sechs Beinen und drei auffallenden Hinterleibsanhängen entdecken. Das sind im Wasser und Schlamm lebende Larven, aus denen sich manchmal erst nach Jahren kurzlebige Eintagsfliegen entwickeln. Diese sind zwischen 1,5 und 2,5 Zentimeter lang, wenige Millimeter schmal und haben wie die Larven drei fadenartige Anhängsel. Ihre Flügel klappen sie in Ruhestellung komplett nach hinten. An lauen Sommerabenden schlüpfen sie oft gleichzeitig und bilden Massenschwärme über der Wasseroberfläche. Sie paaren sich sofort im Flug, anschließend haben die Weibchen dann gerade noch Zeit, um ihre Eier im Wasser abzulegen. Wie der Name schon sagt, sterben die erwachsenen Tiere oft schon nach wenigen Stunden, selten leben sie bis zu einer Woche. Eintagsfliegenlarven sind relativ häufig und fühlen sich auch in mäßig belastetem Wasser wohl. Im Gegensatz dazu sind Steinfliegenlarven Anzeiger für besonders sauberes Wasser. Du kannst sie einfach unterscheiden, denn deren Larven haben nur zwei Hinterleibsanhängsel. Bitte lege den Stein nach ein paar Minuten wieder an die Fundstelle zurück, sonst trocknet die Larve aus!

✿ Experiment: Geheimpost per Kiefern-»Safe«

In Kiefernzapfen entstehen die Kiefernsamen. Du wirst sie im Regelfall bei am Boden liegenden Zapfen nicht mehr finden, denn ein Eichhörnchen war schneller als du. Aber vielleicht ist dir aufgefallen, dass diese Zapfen manchmal ganz weit geöffnet sind und alle Schuppen abstehen, und ein andermal sehen sie geschlossen aus? Das hat damit zu tun, dass die Zapfen ihre Samen nur bei trockenem Wetter freigeben, denn dann fliegen die geflügelten Samen am besten. Ist es dagegen nass und feucht, würden die Kiefernkinder direkt bei dem Mutterbaum hinunterplumpsen und hätten nicht genügend Platz zum Wachsen. Die gute Stube bleibt bei derartigem Wetter zu. Dieses Öffnen und Schließen eines Kiefernzapfens kannst du prima zum Versenden von Geheimbriefchen ausnutzen! Legst du den Zapfen in die Sonne (oder zur Not auch kurz in die Mikrowelle), spreizen sich die Schuppen ab. Nun steckst du einen winzigen Zettel Butterbrotpapier mit einer Botschaft (wasserfester Stift!) zwischen die Schuppen und legst den Zapfen in ein Gefäß mit Wasser, am besten über Nacht. Am nächsten Tag ist von dem Papier nichts mehr zu sehen und die geheime Nachricht kann unentdeckt überbracht werden. Deine Freundin oder dein Freund müssen nur den Trick kennen, wie sie die Schuppen wieder aufbekommen!

Mückenlarven kann man z.B. an der Anzahl ihrer Anhängsel voneinander unterscheiden.

Weiden können regelmäßigen Überschwemmungen trotzen, dagegen zeigen die Eichen am linken Bildrand ein langsames Trockenfallen der Auen an.

7 An grünen Ufern

Auenlandschaft entlang der Amper

- **Strecke:** Rundweg von/bis Bus am Familienbad ca. 8,5 km
- **Gehzeit:** ca. 3–4 Std.
- **Tourencharakter:** bequeme Wanderung am Ufer der Amper mit zahlreichen Entdeckungsmöglichkeiten am Ufer oder in der Auenvegetation
- **Kinderwagen-/fahrradgeeignet:** ja
- **Ausgangs-/Endpunkt:** Bushaltestelle Familienbad in Dachau bzw. Parkplätze bei Günding oder Holzgarten
- **Anreise:**
Öffentliche Verkehrsmittel: Mit der S 2 bis Dachau und weiter mit Buslinie 720 bis Haltestelle Familienbad.
Auto: Von Dachau in westlicher Richtung auf der St 2339 (Brucker Straße bis Heinrich-Nicolaus-Straße und von dort südlich bis zur Kanalbrücke; oder auf der St 2339 weiter bis Günding und auf der Kanalstraße bis zur Brücke.
- **Parkmöglichkeit:** nördlich der Brücke über den Kanal bei Günding oder an der Brücke bei Holzgarten
- **Einkehr:** diverse Gaststätten in Dachau

Bei dieser Expedition am Ufer der Amper entlang wird der Lebensraum Wasser zum hautnahen Erlebnis. Durch das Schilf lassen sich versteckte Vögel entdecken, selbst gebaute Schiffe können vom Stapel gelassen oder Wasserläufer auf ihrem Spaziergang zwischen Seerosen beobachtet werden.

Ein Fluss, zwei Namen: Ammer und Amper

Regen und Schnee in den Ammergauer Bergen sind der Ursprung der Amper, die früher von der Quelle bis zur Mündung diesen Namen trug, jedoch seit dem 14. Jahrhundert im Oberlauf Ammer ge-

nannt wird. Der Name Amper ist auf eine indogermanische Wurzel zurückzuführen und bedeutet so viel wie »Wasser« oder »Wasserlauf«. Die Quellen entspringen südwestlich von Oberammergau in der Nähe von Schloss Linderhof. Das Bächlein fließt in einem seitlichen Graben des würmeiszeitlichen Isar-Loisach-Gletschers Richtung Norden, bis es schließlich in den Ammersee mündet. Die Amper, die bei Stegen den Ammersee wieder verlässt, mäandriert gemütlich Richtung Nordosten und erreicht hinter Schöngeising die leicht geneigte, aus würmeiszeitlichen Ablagerungen entstandene Münchner Schotterebene. Der Fluss durchzieht eine Auenlandschaft im Dachauer Moos, taucht hinter Dachau in das im Tertiär genannten Erdzeitalter entstandene Hügelland ein und vereint sich nach insgesamt gut 185 Kilometern bei Moosburg mit der Isar.

Der Fischreichtum der Amper wurde schon früh geschätzt. Sie eignete sich auch hervorragend zum Transport für Brenn- und Bauholz aus dem Ammergauer Gebirge. Viele Zuflüsse mit dem Namen »Mühlbach« bezeugen, dass die Strömungsenergie auch zum Antrieb

Weitere Aktivitäten:
Besuch des Schwimm- oder Freibads in Dachau; Besuch des Dachauer Schlosses mit herrlicher Aussicht

Durch schnurgerade Kanäle wird Wasser zu Elektrizitätswerken oder Mühlen umgeleitet.

Bei Dachau

Über einen Umleitungsbach steigen wandernde Tierarten an Wehren vorbei flussaufwärts.

von verschiedenen Mühlen (Hammermühlen, Mehlmühlen, Sägemühlen) genutzt wurde. Noch heute gibt es mehrere Wasserkraftwerke, z. B. in Schöngeising, Olching und Günding, die übrigens teilweise noch von Oskar von Miller, dem Erbauer des Deutschen Museums, stammen.

Wie der Mensch den Fluss verändert
Seit der Industrialisierung und der Einführung des mineralischen Düngers im 19. Jahrhundert hat sich die Nutzung von Wasser und Boden stark verändert: Moore wurden trockengelegt, Torf zur Energiegewinnung gestochen und die Landwirtschaft intensiviert. Anfang des 20. Jahrhunderts wurde der Amperverlauf begradigt und dabei zahlreiche Schleifen und Mäander abgeschnitten, die heutigen Altwässer. Ohne Überschwemmungen werden die Altwasserarme nicht mehr durchgespült, verschlammen und verlanden allmählich. Uferbäume, die es gerne nass mögen, wie Weiden und Erlen, werden von Eschen und Eichen verdrängt, die nur gelegentliche Überflutungen ertragen. Brutvögel und andere störungsempfindliche Tierarten finden keine Rückzugsgebiete mehr. Durch die Wehre, die das Gewässer aufstauen und das Wasser in einen Kanal z. B. zur Stromgewinnung ausleiten, können Fische wie Nase

Wegverlauf
Von der Bushaltestelle auf die nördliche Seite der Amper – ab Elektrizitätswerk Weg zwischen Amper und Kanal – beim Stauwehr an das südliche Ufer der Amper wechseln – nach wenigen Hundert Metern linker Hand botanisch interessante Bruno-H.-Schubert-Wiese – wenige Meter weiter links Altwasserarm mit See- und Teichrosen – an der Autostraße links entlang des Radwegs – kurz darauf an der Hecke links auf einen Feldweg – über die Äcker zurück zur Brücke am Stauwehr – auf bekanntem Weg zurück bis zur Brücke in Holzgarten – dort wieder auf die südliche Seite der Amper wechseln.

Bei Dachau

und Aitel oder andere wandernde Tierarten wie der Bachflohkrebs oder die Eintagsfliege nicht mehr flussaufwärts gelangen. An der Flussmeisterstelle Dachau wurde aus diesem Grund ein Umgehungsbach um das Wehr angelegt, über den die Wasserorganismen wieder ungehindert den Oberlauf erreichen können.
Mehrere weitere Naturschutzmaßnahmen versuchen heute, die nachteilige menschliche Einwirkung zumindest einzuschränken.

Typische Auenlandschaft

Bei einer Wanderung entlang der Amper bei Dachau zwischen dem Freibad und der Bundesstraße findet man noch Reste einer typischen Auenlandschaft. Immer wieder ist es möglich, vom

Geschützte Uferbereiche sind ein wichtiges Rückzugsgebiet für brütende oder durchziehende Vögel.

Schilfgras befestigt das Ufer, bietet Vögeln Brutplätze und Nistmaterial und dient zahlreichen Insekten zum Überwintern.

Weg hinunter an das Flussbett zu klettern und das Gewässer hautnah zu erleben. Zahlreiche Brückchen über Altwasserarme sowie Trampelpfade laden zu eigenständigen Erkundungen ein. Im Frühjahr lassen sich Laiche von Amphibien und Schwimm- und Wasservögel beim Brüten entdecken, im Sommer können Jungvögel, Libellen und Insekten beobachtet werden. An herbstlichen Tagen sind mit viel Geduld, Ruhe und Fernglas seltene Vögel auf ihrem Weg in den Süden zu sehen. Bitte beachten Sie dabei aber strikt die Schutzzonen und -zeiten, in denen Vögel brüten, und verhalten Sie sich leise!

Schilfgras und Sauergräser: Pflanzen, die es feucht mögen

Das Ufer von langsam fließenden Gewässern oder Teichen wird häufig von Röhricht gesäumt. Ein wichtiger Vertreter darunter ist das bis zu drei Meter hohe **Schilfgras**, das den Überschwemmungswellen trotzt und auch im Winter den Schneelasten standhält. Erreicht wird diese extreme Stabilität bei gleichzeitiger Elastizität durch Einlagerungen von Kieselsäure. Diese Kristalle sind es auch, an denen

Die Samen der Schwertlilie sind mit einem Luftmantel umgeben, damit sie im Wasser gut schwimmen können.

man sich schnell schneidet, wenn man mit den Händen an den Blättern entlangstreicht. Dass diese Pflanze botanisch gesehen zu der Familie der Süßgräser gehört, erkennt man am hohlen Stängel, der charakteristisch in mehrere Knoten und Zwischenknotenstücke unterteilt ist, ähnlich wie beim Mais und anderen Getreidearten. An den Knotenpunkten können die Gräser wachsen, hier entspringen auch die schmalen Blätter. Wird eine Pflanze bei einem Unwetter geknickt, beginnen nur die dem Boden zugewandten Zellen des Knotens sich zu teilen und richten so den Halm wieder auf. Ein Rohrsänger benötigt lediglich zwei oder drei Schilfhalme, um daran sein Nest zu befestigen. Schwerere Vögel wie Reiher bauen sich ihren Horst aus ein paar Dutzend. In den hohlen Teilen von abgestorbenen Schilfhalmen finden zahlreiche Kleintierarten einen Überwinterungsraum.

Ebenfalls starr und einschneidend, aber mit einem kantigen, markhaltigen Stängel ohne verdickte Knotenbereiche sind **Sauergräser**. Auch sie wachsen gerne da, wo es sehr feucht ist, allerdings werden

Auf der Bruno-Schubert-Schutzwiese wachsen viele seltenen Pflanzen, wie z.B. die Sumpfgladiole.

sie in der Regel nicht über einen Meter hoch. Ihr unauffälliger Blütenstand am Ende eines Stängels ist dicht kugelig oder rispig aufgelockert und bräunlich. Regional wurden sie früher für Flechtarbeiten verwendet. Erst in letzter Zeit hat man herausgefunden, dass diese sonst nicht nutzbaren Pflanzen eine wichtige Rolle bei der Reinigung von Abwässern spielen können.

Blütenpracht im Röhricht

Im Juni findet man im Röhricht mit etwas Glück einige gelbe Farbtupfer. Sie gehören zu den **Schwertlilien**. Namensgebend für die Gattung waren die länglichen, spitz zulaufenden Blätter, die an das ritterliche Kampfwerkzeug erinnern. Bemerkenswert ist bei diesen Gewächsen vor allem die Anpassung der Samen an den Lebensraum Wasser. Etwa im September platzen die reifen Früchte auf und geben die Samen frei. Sie sehen aus wie aufeinandergestapelte, dicke Münzen, wobei jeder Same in ein dickes, scheibenförmiges Luftpolster verpackt ist. So können sie einfach ins Wasser plumpsen und treiben mit der Strömung, bis sie an einen geeigneten Platz zum Keimen gespült werden. Einzelne Vertreter der seltenen Blauen Schwertlilie oder auch der **Sumpfgladiole** kann man im Juni auf der feuchten Bruno-Schubert-Schutzwiese finden.

Schwimmende Pflanzen: See- und Teichrose

Gelbe Tupfer inmitten zahlreicher herzförmiger Schwimmblätter auf der stillen Oberfläche von Altwassern oder kleinen Teichen gehören zu den **Teichrosen**. Die Blüten werden einzeln auf Stängeln für einige Zentimeter aus dem Wasser gehoben. Jede Blüte besitzt fünf oben flach abgeschnittene, gelbe Kelchblätter (oben flach wie ein T wie Teichrose!). Im Gegensatz dazu besitzen **Seerosen** vier grüne Kelchblätter und zahlreiche, vor allem aber spitze (s wie Seerose!) Blütenblätter, meist weiß oder rosa. Diese beiden Schwimmpflanzen

Bei Dachau

Gelbe Teichrosen überziehen ein flaches Gewässer wie ein Teppich.

sind fest am Grunde des Gewässers im Schlamm verwurzelt. Dort gibt es allerdings nicht genügend Sauerstoff für das Wachstum von neuen Austrieben. Die Seerose hat sich daher einen bemerkenswerten »Trick« einfallen lassen: Mit der Oberseite ihrer Blätter nimmt sie Luft auf und leitet sie in Hohlräumen des Stängels nach unten zur Wurzel. Dies wiederum nutzen gleich einige Wasserinsekten für ihre Zwecke. Zum Beispiel legen Libellen ihre Eier in die Nähe dieser unter Wasser befindlichen Gasleitungen, damit ihre Larven vom Schlüpfen an mit frischer Luft versorgt sind.

Insekten auf und über dem Wasser

Huschen kleine Schatten über die Wasseroberfläche, so handelt es sich hierbei meist um Wasserläufer. An den Enden ihrer sechs langen Beine befindet sich ein Büschel aus feinen Haaren. Es bildet ein wasserabweisendes, lufthaltiges Polster, auf dem die Insekten stehen und laufen können, ohne unterzugehen. Rasante Flugkünstler unter den Insekten sind die Libellen. Sie werden in zwei Unterordnungen aufgeteilt: Großlibellen lassen in Ruhestellung ihre Flügel ausgebreitet, im Gegensatz zu Kleinlibellen oder Jungfern, die beide Flügelpaare in Ruhestellung über dem Körper zusammenfalten.

Wasser- und Teichläufer gehen im wahrsten Sinne des Wortes auf dem Wasser.

Kids: Aufgepasst!

🌼 Quizfrage 1

Wenn man alle Bäche und Flüsse allein aus Bayern aneinanderreihen und ein langes Fließgewässer daraus machen würde, und du würdest mit einem Boot diesen langen Fluss vom Anfang bis zum Ende abfahren, was meinst du, wie lange wäre die Strecke?

🌼 Quizfrage 2

Würdest du entlang aller Flüsse und Bäche allein in Bayern für jeweils zehn Stunden am Tag mit einer mittleren Geschwindigkeit von ca. 15 km/h (für Kinder eine flotte Fahrradgeschwindigkeit) fahren, wie lange bräuchtest du dafür?

🌼 Experiment: Wasserabweisende Blätter

Hast du dir eigentlich schon einmal überlegt, warum Blätter nicht nass werden, auch wenn sie mal im Regen stehen oder auf dem Wasser schwimmen? Damit du bei einem Schauer nicht nass wirst, ziehst du wahrscheinlich Regenjacke, Matschhose und Gummistiefel an. Diese Materialien sind wasserabweisend. Blätter machen etwas ganz Ähnliches. Auch wenn sie sich nicht extra »anziehen« können, so haben sie doch auf ihrer Oberfläche eine mehr oder weniger dicke wasserabweisende Wachsschicht. Probier es selbst aus Spritze z. B. ein Blatt eine See- oder Teichrose mit ein paar Tropfen Wasser an. Da Wasser »schwimmt« auf dem Blatt oder läuft ab, die Blattoberfläche lässt nicht durch.

Noch ein Experiment zur Ausprobieren, ob Wachs Wasser abweist: Male mit Wachsmalkreiden ein Bild von Seerosen, Teichrosen Libellen oder was du sonst noch auf dem Teich gesehen hast. Damit der Hintergrund deines Bildes wasser

Seerosenblüten muss man einfach abmalen. Für Käfer sind sie ein willkommener Schlafplatz.

blau wird, nimmst du Wassermalfarben mit besonders viel Wasser und wenig angerührter Farbe. Jetzt male mit einem nassen Pinsel über das gesamte Blatt, auch über deine Blumen. Was fällt dir auf?

✿ Quizfrage 3
Es gab im 19. Jahrhundert einen berühmten französischen Künstler, der vor allem durch seine wunderschönen Seerosenbilder bekannt wurde. Seine Initialen sind »C.M.«. Kennst du ihn?

✿ Erfinderische Pflanzen
Eigentlich sind Wasserschwimmpflanzen wie z. B. See- oder Teichrose die klugen Erfinder unserer heutigen Schwimmhilfen, oder? Genau wie die pflanzlichen Stängel und Blätter sind auch Luftmatratzen, Schlauchboote oder Schwimmflügel mit Luft gefüllt, denn nur, was leicht ist, geht nicht unter. In den Tropen am Amazonas gibt es sogar Seerosenblätter, die einen Durchmesser von mehr als einem Meter haben und eine Last von bis zu 75 Kilogramm tragen können! Vielleicht kannst du sie dir einmal im Sommer in einem Botanischen Garten anschauen?

Antworten auf die Quizfragen:

Frage 1: Du würdest fast zweimal um die Erde fahren, denn die Gesamtlänge aller Flüsse und Bäche in Bayern beträgt mindestens 70 000 Kilometer (der Erdumfang ca. 40 000 km)!

Frage 2: Du bräuchtest dafür ungefähr 500 Tage, also fast eineinhalb Jahre!

Frage 3: Der Künstler heißt Claude Monet.

Auf den Steinen klettern und forschen ist fast wie Urlaub.

Orts- und Sachregister

Abbildungshinweise sind fett gedruckt.

Ahorn **64**
Amper 8, 69, 82
Angerlohe 54
Aue 7, 85

Barfußpfad 63
Berufkraut 28, **28**
Bestimmungsschlüssel 51
Birke 40
Buche **64**
Buntspecht 59
Buschwindröschen **54**, 57

Dachau 82
Deininger Weiher 42, 44
Deisenhofen 42, 43
Dickkopffalter **14**, 21

Ebenhausen 24, 28
Eiche 55, 58, **64**
Eintagsfliege 78, 85
Enzian **74**, 75

Färbepflanzen 22
Färberginster 22
Feldlerche 21
Filze 37
Fliegenlarve 78, **79**
Flöße 78
Frauenmantel **26**, 27
Fuchs 45
Fuchsbandwurm 49

Garchinger Heide 21
Gemeiner Schneeball 47, 51, **52**
Ginster 19, **20**
Gleißental 42
Grasfläche 6

Graslandschaften 12, 30
Günding 82

Hainbuche 58, **64**
Hecke 7, 42, 44
Heckenkirsche 46, 51, **52**
Heidefläche 6
Heidewiese 16
Heilpflanzen 26
Herbstfänger 51
Hochmoor 38
Hohenschäftlarn 24
Hollerlimonade 47, 50

Icking 24
Insekten 20, 25
Isar 69, 71
Isar-Loisach-Gletscher 6

Johanniskraut 28, **28**

Kastanie **64**
Kiefer 18, 76
Kiefernzapfen 79
Klee 32
Knöllchenbakterien 32
Küchenschelle 18
Kultursteppe 12

Labkraut **21**, 22
Leberblümchen 57, **57**
Lerche 22, **56**, 57
Lerchensporn 22, **56**, 57
Leustetten 34
Libelle 89
Liguster 47, 52, **53**
Linde **64**
Lohwald 7, 55, **65**
Mallertshofener See 16

Märzenbecher 57
Mistel 60, **60**
Moor 34
Moorvegetation 6
Moos 41
Moräne 5

Nagelfluh 42, **44**
Niedermoore 37

Ökosystem 9
Orchideen 77

Pfaffenhütchen 47, 51, **52**
Pupplinger Au 7, 70

Rebhuhn 30
Regenwurm 31
Röhricht 86
Rotfuchs 45

Sauergräser 87
Schachbrettfalter **20**, 21
Schachtelhalm 40, **40**
Schafgarbe 22, **22**
Schilfgras 86, **86**
Schlehe 48, **53**
Schlüsselblume **55**, 57, 62
Schneeglöckchen 57
Schneeheide 77, **77**
Schotterbänke 7, 67, 70
Schotterebene 5f, 6
Schwarzer Holunder 47, 51, **53**
Schwertlilie **87**, 88
Seerose 88, **90**

Specht 59
Springfrosch **50**
Springkraut **47**
Starnberg 34
Sträucher 51
Sumpfgladiole 88, **88**

Tagpfauenauge 31, **31**
Teichrose 88, **89**
Thymian 19, **19**
Tollkirsche 29, **29**
Torfmoos 38, **38**
Türkenbundlilie 57

Überschwemmung 67
Untermenzing 54
Unterschleißheim 16

Verlandung 34, 37
Villa Rustica 41

Wacholder **76**, 77
Waldkindergarten 62
Waldvögelein 57
Wasserläufer 89, **89**
Wegwarte **15**
Weide 75
Weißdorn 49, 51, **53**
Wiese 12, 24
Wiesenhaus 13, 14, 25, 31
Wiesenklee 31, **32**
Wilde Möhre **15**, 22
Wildobst 42
Winterling 57
Wolfratshausen 70
Wollgras **37**, 38

Zauberpflanzen 24, 25